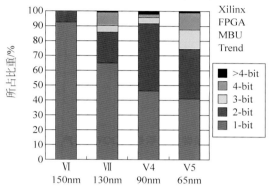

图 1.5　集成电路中单粒子多位翻转占所有 SEU 的比重随集成
　　　　电路工艺节点的变化[43]

图片引自网络公开资料

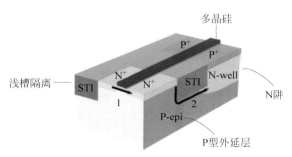

图 1.6　浅槽隔离工艺的集成电路受总剂量辐照之后在场氧隔离区域
　　　　产生的两种漏电流通路[19]

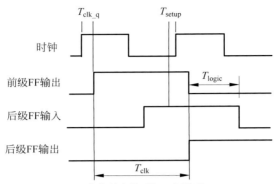

(a) 正常信号在前后级FF间传递

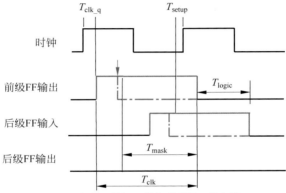

(b) SEU产生于前级FF并传到后级FF输出端

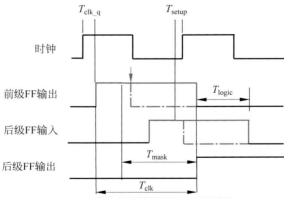

(c) SEU产生但不传播到后级FF输出端

图 2.1 触发器中信号传播的三种时序

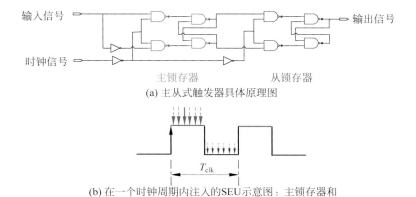

(a) 主从式触发器具体原理图

(b) 在一个时钟周期内注入的SEU示意图：主锁存器和
从锁存器分别对时钟周期内的高电平、低电平敏感

图 2.2　主从式触发器及其 SEU 注入时刻示意图

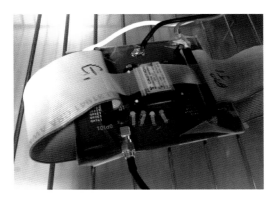

图 2.12　α 源(黄色标识)放置在芯片上方进行单粒子效应实验

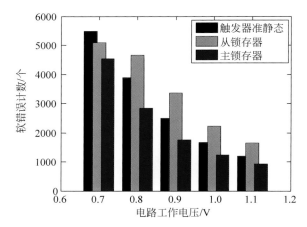

图 2.17　DFF-INV2 在准静态(低频)、从锁存器 SEU 敏感(时钟大部分处于低电平状态)和主锁存器 SEU 敏感(时钟大部分处于高电平状态)三种测试方式下得到的 α 粒子单粒子软错误计数(测试时间均为 6 小时)

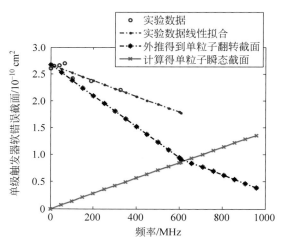

图 2.24　定量评估在 0.7V 电压下 DFF-INV2 的 α 粒子 SEU 和 SET(组合逻辑电路)引起的软错误截面随频率的变化

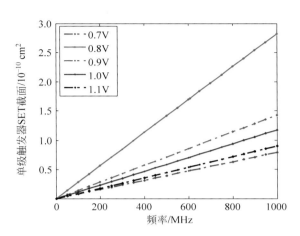

图 2.25　在不同工作电压下,DFF-INV2 的 α 粒子 SET 软错误
截面随频率的变化

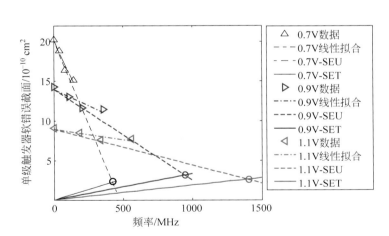

图 2.27　氧重离子单粒子效应实验测得的不同电压下 DFF-INV2 中 SEU 和 SET
引起的软错误截面随频率的变化和相应的临界频率

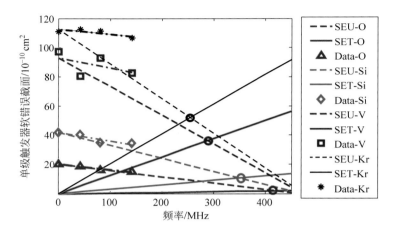

图 2.28 在 $V_{dd} = 0.7V$ 下,不同重离子测得的 DFF-INV2 中 SEU 和 SET 引起的软错误截面随频率的变化和相应的临界频率

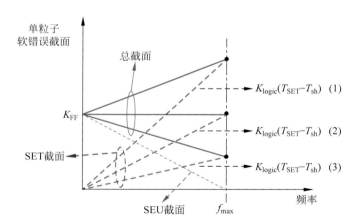

图 2.30 触发器链逻辑电路软错误截面随频率变化的原理图

(1),(2)和(3)分别表示 SEU 引起的软错误截面在总的软错误截面中占的比重很小、中等和很大

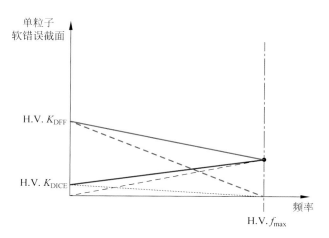

图 2.39 SEU 加固(DICE-INV)和非 SEU 加固(DFF-INV)触发器链单粒子软错误随频率变化的示意图

黑色虚线代表组合逻辑电路 SET 软错误,红色虚线、蓝色虚线分别代表 DFF 和 DICE 的 SEU 软错误(频率为零时分别是 H.V. K_{DFF} 和 H.V. K_{DICE}),红色实线、蓝色实线分别代表 DFF 和 DICE 总的软错误

© [2020] IEEE. Reprinted, with permission, from reference[102]

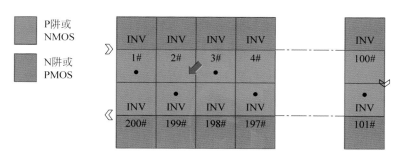

图 3.4 目标电路前 200 级反相器的版图结构

蓝色版图表示 P 阱(NMOS 所在区域),粉色版图表示 N 阱(PMOS 所在区域)

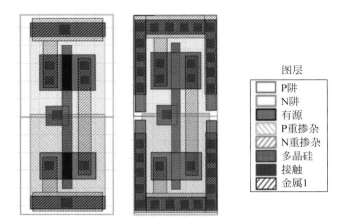

図层

□	P阱
□	N阱
■	有源
▨	P重掺杂
▨	N重掺杂
■	多晶硅
■	接触
▨	金属1

图 3.6 商用版图设计反相器(INV-C)和保护环加固版图设计反相器(INV-GR)

© [2020]IEEE. Reprinted，with permission，from reference [119]

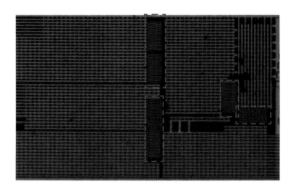

图 3.7 20 倍显微镜下目标电路的版图结构

虚线框对应去掉芯片上层金属布线的区域

■	P阱或 NMOS
■	N阱或 PMOS

INV 1#	INV 2#	INV 3#	INV 4#		INV 100#
INV 200#	INV 199#	INV 198#	INV 197#		INV 101#

垂直芯片入射方向 ◉

跨越芯片阱方位的倾斜入射方向 ⬇

沿着芯片阱方位的倾斜入射方向 ⬅

图 3.8 重离子相对芯片版图的不同入射角度的示意图

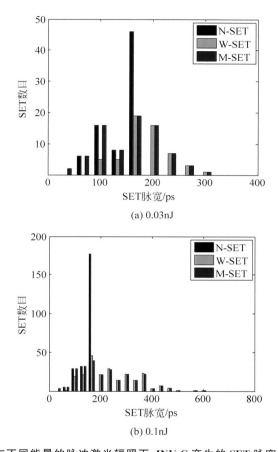

(a) 0.03nJ

(b) 0.1nJ

图 3.10   在不同能量的脉冲激光辐照下,INV-C 产生的 SET 脉宽分布(1.2V)

N-SET、W-SET(代表原测量方法)和 M-SET(代表改进测量方法)分别表示窄脉冲测量模块、宽脉冲测量模块和改进方法的统计结果

Reprinted from reference [108],with permission from Elsevier

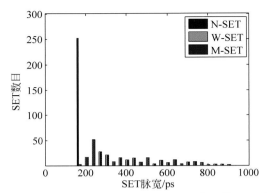

图 3.11　在能量为 0.2nJ 的脉冲激光辐照下，INV-C 产生的 SET 脉宽分布（1.2V）

N-SET、W-SET（代表原测量方法的测量结果）和 M-SET（代表改进测量方法）分别表示窄脉冲测量模块、宽脉冲测量模块和改进的统计结果

Reprinted from reference ［108］，with permission from Elsevier

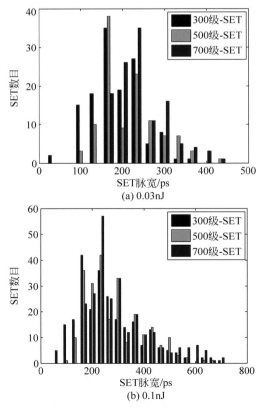

图 3.12　在 1.2V 工作电压下，不同脉冲激光能量时，INV-C 中距离反相器链输出端 300 级、500 级和 700 级反相器处产生的 SET 脉宽分布

Reprinted from reference ［108］，with permission from Elsevier

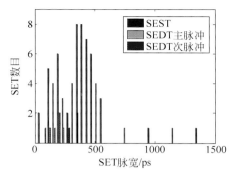

图 3.14   在 Bi 离子垂直辐照下,商用版图设计的反相器(INV-C)的 SET 脉冲脉宽分布
SEDT 和 SEST 数目分别为 6 和 66,SEDT 占比 8.3%。工作电压为 1.05V
© [2020] IEEE. Reprinted,with permission,from reference [119]

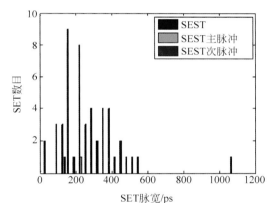

(a) INV-C(SEDT和SEST数目分别为1和50,SEDT占比2%)

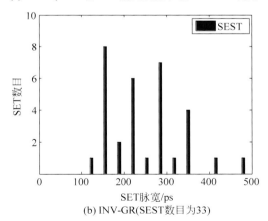

(b) INV-GR(SEST数目为33)

图 3.15   在 Bi 离子辐照下,沿阱方位角斜 45°入射产生的 SET 脉冲宽度分布
© [2020] IEEE. Reprinted,with permission,from reference [119]

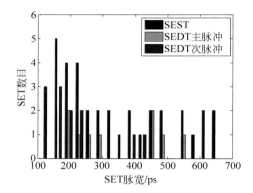

图 3.16　INV-C 在 Bi 离子辐照下,跨越阱方位角斜 45°入射产生的 SET 脉冲宽度分布

SEDT 和 SEST 数目分别为 9 和 46,SEDT 占比 16.4%。工作电压为 1.2V

© [2020] IEEE. Reprinted, with permission, from reference [119]

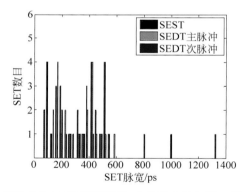

图 3.17　INV-C 在 Bi 离子辐照下,跨越阱方位角斜 60°入射产生的 SET 脉冲宽度分布

SEDT 和 SEST 数目分别为 16 和 35,SEDT 占比 31.4%。工作电压为 1.2V

© [2020] IEEE. Reprinted, with permission, from reference [119]

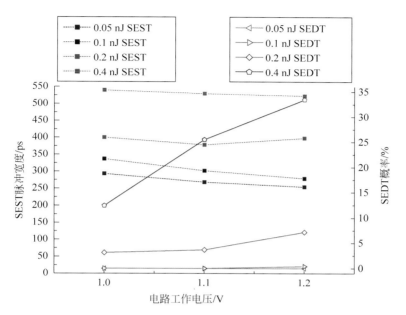

图 3.19 在不同脉冲激光能量下,INV-C 产生的 SEST 平均脉宽、SEDT 产生的概率随工作电压的变化

© [2020] IEEE. Reprinted,with permission,from reference [119]

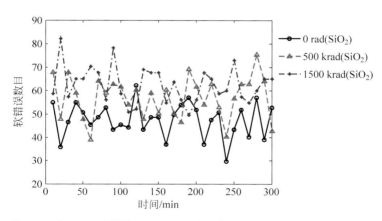

图 4.6 在不同总剂量辐照下,DFF 中 α 粒子 SEU 软错误随时间的变化
每个数据点对应 10min 的累计错误数

© [2020] IEEE. Reprinted,with permission,from reference [130]

清华大学优秀博士学位论文丛书

纳米体硅CMOS工艺
逻辑电路单粒子效应研究

陈荣梅（Chen Rongmei） 著

Study of Single-Event Effects of
Logic Circuits in Nanometer Bulk CMOS Process

清华大学出版社
北 京

内 容 简 介

本书深入研究了纳米体硅CMOS工艺逻辑电路中单粒子效应的产生与传播受电路工作电压、频率和版图结构等电路内在因素,以及温度和总剂量两种空间环境变量的影响规律及其机理。具体包括:①量化了SEU软错误在逻辑电路中的传播概率模型,并将其应用到单粒子效应的实验评估中,同时提出SEU软错误的加固策略;②研究了保护环加固与商用版图结构电路对单粒子多瞬态效应的敏感性差异;③研究了逻辑电路的单粒子软错误截面变化受工作电压和测试向量的影响;④研究了不同电路工作电压下逻辑电路的单粒子软错误截面随温度的变化。

本书可供纳米集成电路辐射效应、单粒子效应的科研人员,以及抗辐射集成电路设计的工程师参考阅读。

图书在版编目(CIP)数据

纳米体硅CMOS工艺逻辑电路单粒子效应研究/陈荣梅著. —北京:清华大学出版社,2020.10(2021.8重印)
(清华大学优秀博士学位论文丛书)
ISBN 978-7-302-55747-0

Ⅰ.①纳… Ⅱ.①陈… Ⅲ.①CMOS电路—单粒子态—效应—研究 Ⅳ.①TN432

中国版本图书馆CIP数据核字(2020)第105142号

责任编辑:戚 亚
封面设计:傅瑞学
责任校对:王淑云
责任印制:沈 露

出版发行:清华大学出版社
　　　　　网　　　址:http://www.tup.com.cn,http://www.wqbook.com
　　　　　地　　　址:北京清华大学学研大厦A座　　邮　　　编:100084
　　　　　社 总 机:010-62770175　　　　　邮　　　购:010-62786544
　　　　　投稿与读者服务:010-62776969,c-service@tup.tsinghua.edu.cn
　　　　　质量反馈:010-62772015,zhiliang@tup.tsinghua.edu.cn
印 装 者:三河市铭诚印务有限公司
经　　销:全国新华书店
开　　本:155mm×235mm　　印　张:9.5　　插　页:8　　字　　数:177千字
版　　次:2020年11月第1版　　　　　印　　次:2021年8月第2次印刷
定　　价:69.00元

产品编号:080944-01

一流博士生教育
体现一流大学人才培养的高度（代丛书序）^①

人才培养是大学的根本任务。只有培养出一流人才的高校，才能够成为世界一流大学。本科教育是培养一流人才最重要的基础，是一流大学的底色，体现了学校的传统和特色。博士生教育是学历教育的最高层次，体现出一所大学人才培养的高度，代表着一个国家的人才培养水平。清华大学正在全面推进综合改革，深化教育教学改革，探索建立完善的博士生选拔培养机制，不断提升博士生培养质量。

学术精神的培养是博士生教育的根本

学术精神是大学精神的重要组成部分，是学者与学术群体在学术活动中坚守的价值准则。大学对学术精神的追求，反映了一所大学对学术的重视、对真理的热爱和对功利性目标的摒弃。博士生教育要培养有志于追求学术的人，其根本在于学术精神的培养。

无论古今中外，博士这一称号都和学问、学术紧密联系在一起，和知识探索密切相关。我国的博士一词起源于 2000 多年前的战国时期，是一种学官名。博士任职者负责保管文献档案、编撰著述，须知识渊博并负有传授学问的职责。东汉学者应劭在《汉官仪》中写道："博者，通博古今；士者，辩于然否。"后来，人们逐渐把精通某种职业的专门人才称为博士。博士作为一种学位，最早产生于 12 世纪，最初它是加入教师行会的一种资格证书。19世纪初，德国柏林大学成立，其哲学院取代了以往神学院在大学中的地位，在大学发展的历史上首次产生了由哲学院授予的哲学博士学位，并赋予了哲学博士深层次的教育内涵，即推崇学术自由、创造新知识。哲学博士的设立标志着现代博士生教育的开端，博士则被定义为独立从事学术研究、具备创造新知识能力的人，是学术精神的传承者和光大者。

---

① 本文首发于《光明日报》，2017 年 12 月 5 日。

博士生学习期间是培养学术精神最重要的阶段。博士生需要接受严谨的学术训练,开展深入的学术研究,并通过发表学术论文、参与学术活动及博士论文答辩等环节,证明自身的学术能力。更重要的是,博士生要培养学术志趣,把对学术的热爱融入生命之中,把捍卫真理作为毕生的追求。博士生更要学会如何面对干扰和诱惑,远离功利,保持安静、从容的心态。学术精神,特别是其中所蕴含的科学理性精神、学术奉献精神,不仅对博士生未来的学术事业至关重要,对博士生一生的发展都大有裨益。

独创性和批判性思维是博士生最重要的素质

博士生需要具备很多素质,包括逻辑推理、言语表达、沟通协作等,但是最重要的素质是独创性和批判性思维。

学术重视传承,但更看重突破和创新。博士生作为学术事业的后备力量,要立志于追求独创性。独创意味着独立和创造,没有独立精神,往往很难产生创造性的成果。1929 年 6 月 3 日,在清华大学国学院导师王国维逝世二周年之际,国学院师生为纪念这位杰出的学者,募款修造"海宁王静安先生纪念碑",同为国学院导师的陈寅恪先生撰写了碑铭,其中写道:"先生之著述,或有时而不章;先生之学说,或有时而可商;惟此独立之精神,自由之思想,历千万祀,与天壤而同久,共三光而永光。"这是对于一位学者的极高评价。中国著名的史学家、文学家司马迁所讲的"究天人之际,通古今之变,成一家之言"也是强调要在古今贯通中形成自己独立的见解,并努力达到新的高度。博士生应该以"独立之精神、自由之思想"来要求自己,不断创造新的学术成果。

诺贝尔物理学奖获得者杨振宁先生曾在 20 世纪 80 年代初对到访纽约州立大学石溪分校的 90 多名中国学生、学者提出:"独创性是科学工作者最重要的素质。"杨先生主张做研究的人一定要有独创的精神、独到的见解和独立研究的能力。在科技如此发达的今天,学术上的独创性变得越来越难,也愈加珍贵和重要。博士生要树立敢为天下先的志向,在独创性上下功夫,勇于挑战最前沿的科学问题。

批判性思维是一种遵循逻辑规则、不断质疑和反省的思维方式,具有批判性思维的人勇于挑战自己,敢于挑战权威。批判性思维的缺乏往往被认为是中国学生特有的弱项,也是我们在博士生培养方面存在的一个普遍问题。2001 年,美国卡内基基金会开展了一项"卡内基博士生教育创新计划",针对博士生教育进行调研,并发布了研究报告。该报告指出:在美国和欧洲,培养学生保持批判而质疑的眼光看待自己、同行和导师的观点同样非常不容易,批判性思维的培养必须成为博士生培养项目的组成部分。

对于博士生而言,批判性思维的养成要从如何面对权威开始。为了鼓励学生质疑学术权威、挑战现有学术范式,培养学生的挑战精神和创新能力,清华大学在2013年发起"巅峰对话",由学生自主邀请各学科领域具有国际影响力的学术大师与清华学生同台对话。该活动迄今已经举办了21期,先后邀请17位诺贝尔奖、3位图灵奖、1位菲尔兹奖获得者参与对话。诺贝尔化学奖得主巴里·夏普莱斯(Barry Sharpless)在2013年11月来清华参加"巅峰对话"时,对于清华学生的质疑精神印象深刻。他在接受媒体采访时谈道:"清华的学生无所畏惧,请原谅我的措辞,但他们真的很有胆量。"这是我听到的对清华学生的最高评价,博士生就应该具备这样的勇气和能力。培养批判性思维更难的一层是要有勇气不断否定自己,有一种不断超越自己的精神。爱因斯坦说:"在真理的认识方面,任何以权威自居的人,必将在上帝的嬉笑中垮台。"这句名言应该成为每一位从事学术研究的博士生的箴言。

提高博士生培养质量有赖于构建全方位的博士生教育体系

一流的博士生教育要有一流的教育理念,需要构建全方位的教育体系,把教育理念落实到博士生培养的各个环节中。

在博士生选拔方面,不能简单按考分录取,而是要侧重评价学术志趣和创新潜力。知识结构固然重要,但学术志趣和创新潜力更关键,考分不能完全反映学生的学术潜质。清华大学在经过多年试点探索的基础上,于2016年开始全面实行博士生招生"申请-审核"制,从原来的按照考试分数招收博士生,转变为按科研创新能力、专业学术潜质招收,并给予院系、学科、导师更大的自主权。《清华大学"申请-审核"制实施办法》明晰了导师和院系在考核、遴选和推荐上的权力和职责,同时确定了规范的流程及监管要求。

在博士生指导教师资格确认方面,不能论资排辈,要更看重教师的学术活力及研究工作的前沿性。博士生教育质量的提升关键在于教师,要让更多、更优秀的教师参与到博士生教育中来。清华大学从2009年开始探索将博士生导师评定权下放到各学位评定分委员会,允许评聘一部分优秀副教授担任博士生导师。近年来,学校在推进教师人事制度改革过程中,明确教研系列助理教授可以独立指导博士生,让富有创造活力的青年教师指导优秀的青年学生,师生相互促进、共同成长。

在促进博士生交流方面，要努力突破学科领域的界限，注重搭建跨学科的平台。跨学科交流是激发博士生学术创造力的重要途径，博士生要努力提升在交叉学科领域开展科研工作的能力。清华大学于 2014 年创办了"微沙龙"平台，同学们可以通过微信平台随时发布学术话题，寻觅学术伙伴。3 年来，博士生参与和发起"微沙龙"12 000 多场，参与博士生达 38 000 多人次。"微沙龙"促进了不同学科学生之间的思想碰撞，激发了同学们的学术志趣。清华于 2002 年创办了博士生论坛，论坛由同学自己组织，师生共同参与。博士生论坛持续举办了 500 期，开展了 18 000 多场学术报告，切实起到了师生互动、教学相长、学科交融、促进交流的作用。学校积极资助博士生到世界一流大学开展交流与合作研究，超过 60％的博士生有海外访学经历。清华于 2011 年设立了发展中国家博士生项目，鼓励学生到发展中国家亲身体验和调研，在全球化背景下研究发展中国家的各类问题。

在博士学位评定方面，权力要进一步下放，学术判断应该由各领域的学者来负责。院系二级学术单位应该在评定博士论文水平上拥有更多的权力，也应担负更多的责任。清华大学从 2015 年开始把学位论文的评审职责授权给各学位评定分委员会，学位论文质量和学位评审过程主要由各学位分委员会进行把关，校学位委员会负责学位管理整体工作，负责制度建设和争议事项处理。

全面提高人才培养能力是建设世界一流大学的核心。博士生培养质量的提升是大学办学质量提升的重要标志。我们要高度重视、充分发挥博士生教育的战略性、引领性作用，面向世界、勇于进取，树立自信、保持特色，不断推动一流大学的人才培养迈向新的高度。

邱勇

清华大学校长

2017 年 12 月 5 日

丛书序二

以学术型人才培养为主的博士生教育,肩负着培养具有国际竞争力的高层次学术创新人才的重任,是国家发展战略的重要组成部分,是清华大学人才培养的重中之重。

作为首批设立研究生院的高校,清华大学自20世纪80年代初开始,立足国家和社会需要,结合校内实际情况,不断推动博士生教育改革。为了提供适宜博士生成长的学术环境,我校一方面不断地营造浓厚的学术氛围,一方面大力推动培养模式创新探索。我校从多年前就已开始运行一系列博士生培养专项基金和特色项目,激励博士生潜心学术、锐意创新,拓宽博士生的国际视野,倡导跨学科研究与交流,不断提升博士生培养质量。

博士生是最具创造力的学术研究新生力量,思维活跃,求真求实。他们在导师的指导下进入本领域研究前沿,吸取本领域最新的研究成果,拓宽人类的认知边界,不断取得创新性成果。这套优秀博士学位论文丛书,不仅是我校博士生研究工作前沿成果的体现,也是我校博士生学术精神传承和光大的体现。

这套丛书的每一篇论文均来自学校新近每年评选的校级优秀博士学位论文。为了鼓励创新,激励优秀的博士生脱颖而出,同时激励导师悉心指导,我校评选校级优秀博士学位论文已有20多年。评选出的优秀博士学位论文代表了我校各学科最优秀的博士学位论文的水平。为了传播优秀的博士学位论文成果,更好地推动学术交流与学科建设,促进博士生未来发展和成长,清华大学研究生院与清华大学出版社合作出版这些优秀的博士学位论文。

感谢清华大学出版社,悉心地为每位作者提供专业、细致的写作和出版指导,使这些博士论文以专著方式呈现在读者面前,促进了这些最新的优秀研究成果的快速广泛传播。相信本套丛书的出版可以为国内外各相关领域或交叉领域的在读研究生和科研人员提供有益的参考,为相关学科领域的发展和优秀科研成果的转化起到积极的推动作用。

感谢丛书作者的导师们。这些优秀的博士学位论文,从选题、研究到成文,离不开导师的精心指导。我校优秀的师生导学传统,成就了一项项优秀的研究成果,成就了一大批青年学者,也成就了清华的学术研究。感谢导师们为每篇论文精心撰写序言,帮助读者更好地理解论文。

感谢丛书的作者们。他们优秀的学术成果,连同鲜活的思想、创新的精神、严谨的学风,都为致力于学术研究的后来者树立了榜样。他们本着精益求精的精神,对论文进行了细致的修改完善,使之在具备科学性、前沿性的同时,更具系统性和可读性。

这套丛书涵盖清华众多学科,从论文的选题能够感受到作者们积极参与国家重大战略、社会发展问题、新兴产业创新等的研究热情,能够感受到作者们的国际视野和人文情怀。相信这些年轻作者们勇于承担学术创新重任的社会责任感能够感染和带动越来越多的博士生,将论文书写在祖国的大地上。

祝愿丛书的作者们、读者们和所有从事学术研究的同行们在未来的道路上坚持梦想,百折不挠! 在服务国家、奉献社会和造福人类的事业中不断创新,做新时代的引领者。

相信每一位读者在阅读这一本本学术著作的时候,在吸取学术创新成果、享受学术之美的同时,能够将其中所蕴含的科学理性精神和学术奉献精神传播和发扬出去。

清华大学研究生院院长

2018 年 1 月 5 日

导师序言

　　电子器件空间辐射效应是影响航天器在轨长期可靠运行的重要因素之一。航天器运行所处的环境存在大量的质子、重离子、电子等高能射线粒子,这些粒子会在航天器电子器件中产生单粒子效应、总剂量效应、位移损伤等辐射效应,引起电子系统性能下降、状态改变甚至功能失效,影响航天器在轨稳定运行和寿命。据统计,因各类辐射效应引起的航天器故障占总故障的 45% 左右,居航天器各类故障之首。长期以来,辐射效应机理和抗辐射加固技术研究一直是航天大国和核大国研究的重点问题。

　　未来航天器对功能和性能的要求越来越高,这就对高可靠、高集成度、高性能、低功耗电子器件提出了强烈的需求,采用更高性能的抗辐射加固纳米集成电路是必然趋势。纳米集成电路在材料、工艺和结构等方面表现出许多新的特点,工艺节点缩小、集成电路晶体管密度提高、工作电压降低、工作频率增加等变化给空间辐射效应和抗辐射加固技术研究带来了许多新的挑战。

　　在这样的研究背景下,作者结合当前和未来的纳米集成电路辐射效应的研究热点与难点——单粒子效应,在清华大学、西北核技术研究所、美国范德堡大学等辐射效应研究平台上,开展了纳米集成电路设计和辐射效应仿真,在中芯国际集成电路制造有限公司、联华电子公司进行先进工艺节点的芯片流片,基于中国原子能科学研究院、中国科学院近代物理研究所和美国劳伦斯伯克利实验室重离子加速器开展了重离子实验,分析了集成电路工作电压、频率、电路结构,以及温度、总剂量等因素对单粒子效应的影响,得到了许多创新性的研究成果,对认识纳米集成电路单粒子效应机理和抗辐射加固提供了重要技术支撑。

　　该研究获得了国家自然科学基金重大项目(纳米器件辐射效应机理及模拟试验关键技术,项目编号:11690040)的支持。作者在研究过程中,得到了国际知名专家 IEEE 会士,辐射效应领域权威 Daniel Fleetwood 和 Bhurat Bhuva 等教授的具体指导。作者的研究成果——基于 65nm 和 40nm 逻辑电路单粒子效应评估与加固技术,获得了 2016—2017 年度全国辐射物理十大科技创新奖。

  本书可供从事纳米集成电路辐射效应、特别是单粒子效应的科研人员,抗辐射集成电路设计的工程师深入阅读,不仅可以了解当前纳米集成电路单粒子效应的研究热点和难点,亦可引领读者思考纳米集成电路单粒子效应的未来发展趋势及应对方法。

陈 伟

研究员

西北核技术研究所

2019 年 5 月 27 日

Preface

This book is focused on studying single-event effects production, propagation and characterization in nanometer bulk technology integrated circuits (ICs). It should be helpful to both the beginning and experienced researcher in the field. Experimental and simulation results are presented that reflect the efforts of leading radiation effects researchers in China, USA, and Europe.

After an introduction of the research background and state-of-the-art of research in these areas in Chapter 1, propagation principles of single-event effects in logic circuits are modeled and experimentally verified in Chapter 2. Using a proposed soft error propagation model in logic circuits, it is shown that soft errors evaluation accuracy can be improved by up to 20% or more by taking the temporal masking effects of single-event upsets (SEUs) into consideration correctly. The proposed model can be used for evaluation of potential errors due to single-event transient (SETs) as well, and is useful for developing circuit hardening methods.

In Chapter 3, the impacts of layout design on single-event multiple transients (SEMTs) are studied. An advanced SET measurement circuit manufactured with 45 nm technology node was demonstrated and found to have a minimum measurable SET pulse width of 33 ps, which is outstanding performance. Based on this advanced measurement circuit, SEMT phenomena were characterized and analyzed under various conditions. Guard-ring layout design is shown to be an effective hardening technique for suppressing SEMTs, as demonstrated through pulsed laser and heavy-ion experiments. The important phenomenon of charge sharing is characterized and quantified.

In Chapters 4 and 5, the impacts of total-ionizing-dose (TID) exposure and operating temperature on SET and SEU are evaluated for bulk 40 nm IC technologies. Complex responses are characterized, and underlying mechanisms are discussed in detail. The results highlight the often complex interactions among TID-induced charge trapping, temperature, bias, and other IC operation conditions on the observed error rate in space and other high-radiation environments of interest.

I am pleased to have been able to collaborate on several of the studies that are described with the author of this book, Dr. Rongmei Chen, who is an outstanding young researcher in the area of radiation effects and reliability of microelectronics. I look forward to his continuing contributions to the fields of microelectronics reliability and radiation response.

Dan Fleetwood

Landreth Professor of Engineering

Vanderbilt University

Nashville, TN, USA

June 2019

摘　要

　　空间辐射环境对宇航电子系统的可靠性构成严重威胁。纳米集成电路具有高性能、高集成度等优点,是未来宇航电子系统的必然选择。辐射效应会严重影响纳米集成电路的可靠性,尤其是单粒子效应,限制了纳米集成电路广泛用于宇航电子系统。随着集成电路工艺节点的缩小,集成电路晶体管密度提高、工作电压降低、工作频率增加等变化和空间多种辐射效应并存、温度变化范围广等特点导致纳米逻辑电路的单粒子效应研究越发具有挑战性。本书深入研究了纳米体硅 CMOS 工艺逻辑电路中单粒子效应的产生与传播受电路工作电压、频率和版图结构等电路内在因素,以及温度和总剂量两种空间环境变量的影响规律及其机理。

　　针对纳米逻辑电路中单粒子翻转(SEU)软错误的传播规律,研究了传播规律受电路工作电压、工作频率的影响,量化了 SEU 软错误的传播概率模型;在考虑触发器内主从锁存器的 SEU 截面差异的基础上,提出改进现有 SEU 软错误的传播模型,有效提高了现有模型的准确性;并且基于改进的模型,结合实验和仿真,提出定量评估触发器链逻辑电路单粒子软错误动态截面的方法。

　　针对版图结构对纳米逻辑电路中单粒子瞬态(SET)的影响,重点研究了保护环加固与商用版图结构电路对单粒子多瞬态效应的敏感性差异。通过改变重离子的入射角度和方位角、脉冲激光的能量及电路的工作电压,证明保护环版图加固技术能够有效抑制单粒子多瞬态脉冲的产生,并发现在垂直和斜入射时器件间单粒子电荷共享的不同是导致这两种入射条件产生单粒子多瞬态脉冲宽度分布差异较大的根本原因。

　　针对总剂量对纳米逻辑电路中单粒子效应的影响,研究了在不同总剂量下,逻辑电路的单粒子软错误截面变化受工作电压和测试向量的影响。实验首次发现了逻辑电路单粒子软错误截面随总剂量增大先增加后减小的现象,总剂量引起的晶体管有效驱动电流的下降和逻辑门延迟时间增加是这种现象的内在机理。

　　针对温度对纳米逻辑电路中单粒子效应的影响,研究了不同电路工作电压下逻辑电路的单粒子软错误截面随温度的变化。实验首次发现在高低工作电压下,逻辑电路的 SEU 软错误随温度增加出现不同的变化规律,"反常温度效应"是这种变化规律差异的内在原因;在较高工作电压下,由于 SET 的时间窗口效应,SET 软错误截面的温度敏感性大于 SEU 软错误截面的温度敏感性。

　　关键词:单粒子效应;纳米逻辑电路;温度;总剂量效应;单粒子软错误

Abstract

Radiation environment in space causes serious reliability problems to aerospace electronic systems. Nanometer integrated circuit has the advantages of high performance, high integration and so on, making it an essential choice for aerospace electronic systems in the future. When the feature size of integrated circuit scales to nanometer, single-event effects (SEE) are becoming the main radiation induced reliability problems. Because of the increase in transistor density, decrease in the supply voltage and increase in frequency as a result of the improvement of integrated circuits and the characteristics of coexistence of many kinds of radiation effects and a wide range of temperature in space, the challenge of researching SEE of logic circuits is increased. This book studies in depth the impact of inner circuit factors and two space environment variables on the production and propagation of SEE in nanometer bulk CMOS logic circuits and the responding mechanisms. The former factors include the supply voltage of circuits, working frequency and circuit layout structure while the latter variables include temperature and total-ionizing dose (TID).

Regarding the principle of single-event upsets (SEU) induced soft error propagation in nanometer logic circuits, the impact of the supply voltage and frequency of circuits on the principle is studied. The model of SEU propagation probability is quantified. After taking the SEU cross section difference between master and slave latches in a flip-flop into consideration, an advanced model of SEU-induced soft error propagation is proposed, which improves the accuracy of the current model significantly. Furthermore, based on the proposed advanced model, a methodology to quantitatively evaluate the single-event soft error dynamic cross sections of flip-flop chain logic circuit is proposed by combining experiments and simulations.

Regarding the impact of layout structures on SET in nanometer logic circuit, the sensitivity difference of single-event multiple transients (SEMT) between guard-ring hardened and commercial layout structures is studied. By varying the incident angles and tilting angles of heavy ions, energies of pulsed laser and supply voltages of circuits, the effectiveness of guard-ring hardened layout design in suppressing SEMT production is verified. Thanks to the different charge sharing processes between angled and normal incidences of heavy ions, significant different distributions of SEMT pulse width are observed in these two irradiation conditions.

Regarding the impact of TID on SEEs of nanometer logic circuits, the impact of the supply voltage and the circuit input test bench on single-event soft error cross section as a function of TID is studied. For the first time, an increase in single-event error cross sections of logic circuits followed by a decrease in cross sections as a function of TID is observed. A decrease in effective driving current of transistors and an increase in logic gate delay time as a result of TID irradiation explains the experimental phenomena observed.

Regarding the impact of temperature on SEEs of nanometer logic circuits, the change of single-event soft error cross section of logic circuits as a function of temperature is studied at different supply voltages. At the relatively high and relatively low supply voltages, for the first time, different trends of SEU-induced soft error cross section as a function temperature are observed, which is attributed to the "reversed temperature effect"; at the relative high supply voltage, SET-induced soft error cross section is found to be more sensitive to temperature variation than SEU-induced soft error cross section because of the latching window effect of SET.

Keywords: single-event effects; nanometer logic circuits; temperature; total-ionzing dose effect; single-event soft error

主要符号对照表

CMOS 互补金属氧化物半导体(complementary metal oxide semiconductor)
SEU   单粒子翻转(single-event upset)
SET   单粒子瞬态(single-event transient)
SEE   单粒子效应(single-event effect)
SEST 单粒子单瞬态脉冲(single-event single transient)
SEDT 单粒子双瞬态脉冲(single-event double transient)
SEMT 单粒子多瞬态脉冲(single-event multiple transient)
TID   总剂量(total-ionizing dose)
LET   线性能量传输(linear energy transfer)
SRAM 静态随机存取存储器(static random access memory)
DICE 双互锁存储单元(dual interlocked cell)
TMR   三模冗余(triple modular redundancy)
STI   浅槽隔离(shallow trench isolation)
SOI   绝缘体上硅工艺(silicon on insulator)
AVF   结构敏感因子(architecture vulnerability factor)
TVF   时间敏感因子(timing vulnerability factor)
T_{clk} 逻辑电路时钟周期
T_{clk_q} 触发器信号输出延迟(距离有效时钟沿的时间)
T_{logic} 触发器间逻辑延迟时间
T_{setup} 触发器建立时间
T_{wov} SEU 敏感时间窗口
T_{mask} SEU 不敏感时间窗口
V_{dd} 逻辑电路工作电压
NAND 与非门
NOR   或非门
SUM   加法器
INV   反相器

$F_{\text{clk-cross}}$ 逻辑电路 SET 软错误截面超过 SEU 软错误截面对应的频率点

K_{FF} 触发器单粒子敏感面积

K_{logic} 组合逻辑单粒子敏感面积

σ 逻辑电路单粒子软错误截面

ε 触发器从主锁存器 SEU 截面比值

γ 逻辑电路单粒子软错误动态截面与静态截面的比值

DTS   动态时间冗余(dynamic timing slack)

TCAD   半导体工艺模拟以及器件模拟工具(technology computer aided design)

目　录

Contents

第1章 绪 论

1.1 课题背景和意义

辐射效应是宇航电子系统面临的主要的可靠性问题之一。辐射效应对宇航电子系统内集成电路的影响既有永久性的损伤,也有暂时性的扰动,前者造成硬损伤,后者产生软错误。集成电路最主要的辐射硬损伤的产生方式是总剂量效应。总剂量效应是指集成电路的绝缘区域受到高能粒子辐照,产生能量沉积并引起缺陷的产生,诱发器件的漏电流增加和阈值电压漂移等,导致器件和电路工作异常甚至失效。集成电路中软错误的主要来源之一是单粒子效应。单粒子效应是指单个高能粒子入射集成电路敏感区域,产生能量沉积并引起电荷收集,诱发集成电路的工作状态发生临时变化、功能暂时或者永久性异常的效应。虽然由单粒子效应引起的软错误可以通过电路的重启或者数据刷新来消除,但是它仍会严重影响集成电路电子系统的可靠性。而电子系统的高可靠性对航天应用来说至关重要。近年来,航天技术的发展要求电子系统的在轨信号处理能力不断增强,同时伴随卫星向小型化、微型化和高集成化方向的发展,纳米集成电路是宇航电子系统未来必然的选择。体硅 CMOS(complementary metal oxide semiconductor)工艺是目前大规模数字集成电路采用的主流工艺,具有集成度高、功耗小、生产成本低、工作速度快等优点。目前最小工艺节点的体硅 CMOS 工艺的特征尺寸已经进入 20nm 以内。

随着集成电路进入纳米工艺节点(晶体管特征尺寸小于 100nm),单粒子效应已经成为宇航用集成电路面临的最主要的辐射可靠性问题。近年来,纳米集成电路的单粒子效应已成为国际上集成电路辐射效应领域的研究热点。集成电路中的逻辑模块容易受到单粒子翻转(single-event upset,SEU)和单粒子瞬态(single-event transient,SET)的干扰,是集成电路单粒子效应的研究重点和难点。当集成电路工艺节点缩小,特别是进入纳米工艺节点后,逻辑电路的单粒子效将出现如下三个方面的变化和挑战:

（1）单粒子效应临界电荷量降低，电荷共享加剧

集成电路发生单粒子效应的临界电荷量降低，器件或者单元间单粒子电荷共享效应加剧。随着集成电路工艺节点缩小，晶体管特征尺寸的减小和芯片工作电压的降低使得集成电路每个存储节点上高电平对应的电荷量逐渐减小[1]。这导致引发电路发生单粒子效应所需要的电荷量降低，使得更多种类的粒子通过直接电离的作用即可引发单粒子效应。特别是当集成电路的工艺结点达到纳米尺度后，α 粒子、缪子和质子也可通过直接电离引发单粒子效应[1]。与此同时，集成电路集成密度提高导致相邻晶体管的物理间距减小，使得单个高能粒子引发的电荷共享效应或者单个入射粒子穿过多个敏感区域的可能性增加。Dasgupta 等人的研究表明，单个重离子引发的电荷径迹范围相对器件敏感节点的尺寸随工艺节点缩小而迅速增加，比如当工艺节点从 $1\mu m$ 缩小到 90nm 时，重离子电离径迹覆盖范围从晶体管漏极区域增加到整个晶体管[2]。而 Raine 等人分析了不同工艺节点 NMOS 晶体管对能量为 10MeV/核子的 Kr 离子的单粒子效应敏感范围，发现器件特征尺寸减小导致单个粒子影响的范围相对器件尺寸不断增加[3]。单粒子电荷共享导致逻辑电路存储单元中多个敏感节点同时收集电荷，单粒子多位翻转的产生和空间冗余的 SEU 加固方法逐渐失效；还导致版图上相邻的逻辑门同时产生 SET 脉冲，即单粒子多瞬态，使得组合逻辑电路的 SET 效应研究难度增加，许多经典的 SET 效应加固方法失效。

（2）SET 效应更加显著

逻辑电路 SET 引起的软错误迅速增加，开始占据主导地位。一方面因为集成电路响应速度的提高，SET 在组合逻辑电路中无衰减传播更加容易或者 SET 电学屏蔽效应减弱。另一方面因为逻辑电路工作频率的提高，SET 被时序存储单元捕获的可能性也逐渐增加。这两方面的变化均会导致 SET 转化为单粒子软错误的概率增加，从而增加 SET 软错误截面。已有研究表明[4]，在纳米工艺节点下，逻辑电路的单粒子软错误开始接近静态随机存取存储器（static random access memory，SRAM）存储单元的单粒子软错误，而纳米逻辑电路中 SET 的软错误在高频下超过 SEU 的软错误[5]。

（3）单粒子软错误传播越加复杂

逻辑电路中 SEU 和 SET 软错误在电路中的传播规律越加复杂。SET 在组合逻辑中传播受到电学屏蔽、时间屏蔽（时间窗口效应）和逻辑屏蔽三种作用，而 SEU 软错误受到逻辑屏蔽和时间屏蔽两种作用。SEU 和 SET 的逻辑屏蔽与逻辑电路的结构和电路运行状态有关，而时间屏蔽作用还与

时钟频率紧密相关[6]。由于 SEU 和 SET 同时受时间屏蔽作用影响,逻辑电路中 SEU 和 SET 软错误均随频率变化:前者随频率升高而减小,后者随频率升高而增加[7]。不仅如此,这两种软错误传播到逻辑电路输出端后相互叠加,无法区分。与此同时,逻辑电路的结构变得更加复杂,工作频率进一步提高。这些变化增加了逻辑电路单粒子软错误评估的难度,同时也给逻辑电路抗单粒子效应设计带来新的挑战。

集成电路工艺节点缩小引起逻辑电路晶体管物理间距减小、工作电压降低和工作频率提高。这些变化对纳米逻辑电路单粒子效应的影响除上述之外,还可能通过与空间环境(包括温度和总剂量等)的耦合作用而产生新的现象和效应机理。宇航用集成电路的工作温度变化范围广(−193∼250℃)[8],它同时还受到总剂量效应的影响[9]。不仅单粒子效应引发的电荷收集过程会受到温度、总剂量效应的影响,而且纳米逻辑电路的电学参数(比如触发器的保持建立时间、逻辑门延迟时间等)也受温度[10]和总剂量效应的影响[11]。纳米逻辑电路的单粒子效应在不同温度、总剂量下可能会产生新的现象和效应机理。

因此,集成电路发展到纳米工艺节点以后,为了应对晶体管物理间距减小、电路工作电压降低、工作频率提高,以及空间多种辐射效应并存和温度范围广带来的新挑战,开展纳米逻辑电路单粒子效应的产生、传播受以上因素的影响规律及其机理的研究具有重要意义。

1.2　空间辐射环境

空间辐射环境主要由宇宙射线、地球范艾伦辐射带和太阳活动产生的瞬间辐射构成。宇宙射线包括电子、质子等轻粒子和氦核、氧离子等覆盖元素周期表的重离子。其中轻质量粒子如质子(85%)、氦核(14%)的比重远超重离子[12-13]。反映粒子电离能力的物理量是线性能量传输(linear energy transfer,LET),表示在单位路径上粒子在某种材料里的能量损失大小。图 1.1 为太阳活动极大期和极小期宇宙射线的 LET 谱分布。该图表明宇宙射线中低 LET 粒子占最主要的部分。由于地磁场的束缚,宇宙射线停留在近地空间且保持高能的状态,形成范艾伦辐射带,主要由电子、质子和少量的重离子构成。空间辐射环境还受到太阳活动的影响:一方面,宇宙射线受到太阳活动的周期性调制,另一方面,在太阳风暴产生的高能带电粒子中,绝大部分是质子,其次是氦核及少量电子,它们会导致空间辐射

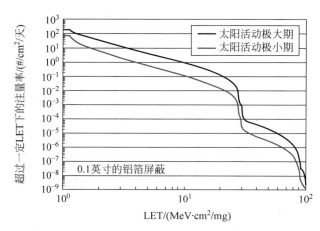

图 1.1　太阳活动极大期和极小期的宇宙射线 LET 积分谱分布[14]

图片引自网络公开资料

强度突然增加[15]。

1.3　逻辑电路的辐射效应

1.3.1　单粒子效应和总剂量效应

　　单粒子效应(single-event effect,SEE)是单个高能粒子入射到集成电路敏感节点处引发能量沉积,产生电子空穴对并被敏感节点收集(收集过程包括漂移、扩散和复合等过程)进而导致电路工作异常的辐射效应。图 1.2 为单粒子效应在集成电路中产生的原理示意图。高能粒子产生单粒子效应的方式主要有两种:通过直接电离产生效应,包括重离子、质子、缪子和电子等带电粒子;通过弹性碰撞和核反应产物引起间接电离产生效应,包括质子和中子等。图 1.3 给出了集成电路敏感节点在发生单粒子效应后产生的 SET 脉冲在时间上变化的示意图。单粒子效应对集成电路的影响有多种形式,这里介绍与本书研究相关的两种形式[17]:

　　(1) SEU:单粒子翻转,指集成电路中的存储单元,比如 SRAM 和触发器,由于单个粒子入射而引起存储状态翻转。

　　(2) SET:单粒子瞬态,指集成电路中敏感节点受到单个粒子作用而产生的瞬时电压脉冲,并可能在电路中传播,作用对象包括组合逻辑电路、时钟树和复位端等。

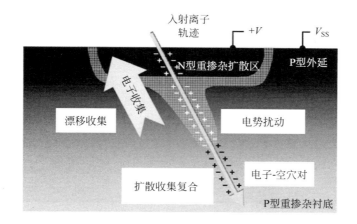

图 1.2   单个高能粒子入射到电路敏感节点（反偏 PN 结处）引发的电子空穴产生、输运、复合和收集等过程示意图[16]

图片引自网络公开资料

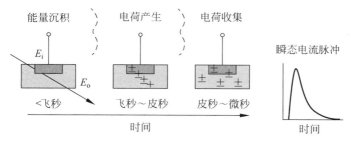

图 1.3   单粒子在集成电路敏感节点的电荷沉积和收集过程及其引起的瞬态电流产生的示意图[18]

图片引自网络公开资料

    总剂量效应一般发生在器件的绝缘层中，包括栅氧化层、场氧化层，以及绝缘体上硅（SOI）工艺的绝缘层等。高能入射粒子（光子、电子、质子、α粒子等）在绝缘层中电离产生的电子空穴对经过输运、复合等过程，最后在绝缘层内部或者绝缘层和硅界面处产生陷阱。Schwank 等人对器件栅极、栅氧层和硅区域产生总剂量效应过程的原理进行了详细的分析[19]。影响总剂量效应的因素包括辐照时加载在绝缘层上的偏压和绝缘层厚度等。总剂量辐照时偏压越高[20-21]，绝缘层厚度越大[22]，产生的总剂量效应就越明显。总剂量对器件电学性能的影响主要体现在器件阈值电压的变化和静态漏电流的增加。

1.3.2　逻辑电路的单粒子效应

数字集成电路根据功能的不同大体可以划分为两个模块：存储模块和逻辑模块。存储模块包括 SRAM 存储单元等，而逻辑模块则包括组合逻辑电路（如与非门、或非门等逻辑门）和时序逻辑电路。存储模块可以通过检错纠错（EDAC）等方式进行系统级单粒子效应加固，而逻辑电路的单粒子效应则不能通过这种方式进行加固，因此更难对其进行系统级防护。

逻辑电路单粒子效应引起软错误的方式有 SEU 和 SET：SEU 产生于逻辑电路的存储单元（常用的触发器等），SET 产生于组合逻辑电路、时钟树，以及控制复位的逻辑单元等[23]。逻辑电路中产生的 SEU 和 SET 能否对电路的功能造成影响取决于它们出现的位置、时刻，以及电路本身的结构。这是因为组合逻辑电路中产生的 SET 一般先在组合逻辑电路中传播，当它传播到时序存储单元输入端并在恰当的时钟窗口被捕获（如图 1.4 所示）才会导致存储单元的逻辑状态翻转，发生软错误；时序存储单元产生的 SEU 是否可以传播到下一级时序存储单元或者输出端，与该翻转信号在时钟周期内产生的时刻，以及时序存储单元后端的组合逻辑电路结构有关，只有当 SEU 发生在敏感时间窗口时，它才能顺利传播到下一级时序存储单元或者输出端。

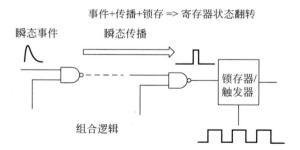

图 1.4　组合逻辑电路的 SET 脉冲产生、传播和被捕获过程[24]

图片引自网络公开资料

1.4　国内外研究现状

在广泛调研和总结国内外研究进展的基础上，纳米体硅 CMOS 工艺逻辑电路单粒子效应的产生和传播受到电路工作电压、频率、版图结构，以及总剂量效应和温度影响的研究现状及其不足之处总结如下。

1.4.1　纳米逻辑电路 SEU 软错误传播规律

SEU 和 SET 在逻辑电路中均有一定的传播规律。国防科技大学等国内单位对 SET 脉冲的传播规律即三种屏蔽效应的建模仿真都有较为深入的研究[25-27]，但是针对 SEU 软错误传播规律的研究尚未见报道。国外在逻辑电路 SET 传播规律研究方面已经开展了广泛和深入的研究，对 SEU 软错误的传播规律研究也有一定的报道，但是尚不成熟。

逻辑电路存储单元(例如触发器和锁存器等)产生的 SEU 在逻辑电路中传播时可能被逻辑屏蔽，也可能被时间屏蔽。前者可以用逻辑电路的结构敏感因子(architecture vulnerability factor，AVF)衡量，它与电路的结构、电路输入向量紧密相关[28]；后者可以用逻辑电路的时间敏感因子(timing vulnerability factor，TVF)评估，它与电路的结构、电学参数、电路工作频率等因素有关[7,29,30]。相比于 SEU 逻辑屏蔽，对 SEU 时间屏蔽的分析更加复杂，为逻辑电路软错误评估带来了更大的挑战。Seifert 等人[29]通过仿真研究表明，逻辑电路的 SEU 时间敏感因子既与逻辑存储单元之间的组合逻辑延迟时间和存储单元自身的电学参数(如触发器的保持、建立时间和数据输入输出延迟时间)有关，也与逻辑电路工作的时钟频率有关。时钟频率越高，SEU 时间敏感因子越小。该研究还证明了触发器的主从锁存器对触发器的 SEU 时间敏感因子贡献大小的不同——在从锁存器上产生的 SEU 更容易被时间屏蔽效应屏蔽，而主锁存器上的 SEU 不易被时间屏蔽效应屏蔽。由于主从式触发器在逻辑电路中广泛使用，主从锁存器 SEU 的时间屏蔽效应的准确分析和建模对定量评估逻辑电路的单粒子软错误率具有重要意义。Bramnik 等人[31-32]提出了用于计算触发器主从锁存器 SEU 时间屏蔽效应的公式，并且将该公式运用于仿真评估逻辑电路 SEU 的敏感性。

当前，关于 SEU 时间屏蔽效应的研究存在一个共同的不足之处是相关的定量分析都是基于仿真计算，没有具体的实验结果支持，更缺乏实验结果与仿真结果的相互对比。因此，从实验上定量证明逻辑电路 SEU 的时间屏蔽效应及其对逻辑电路 SEU 软错误传播规律的影响是迫切需要开展的工作。另外，触发器的主从锁存器对 SEU 时间屏蔽效应敏感性不同，同时在实际电路中它们的 SEU 截面可能有差异，所以考虑 SEU 时间屏蔽效应的现有逻辑电路软错误传播模型可能不准确，因为它并未同时考虑这两种差异对 SEU 软错误传播规律的影响。

Seifert 等人[6]在实验上观察到,逻辑电路工作频率增加引起逻辑电路的 SEU 软错误截面呈线性减小;Buchner 等人[33]则从实验上证明逻辑电路 SET 引起的软错误截面随频率增加线性增加。由于逻辑电路中同时存在 SEU 和 SET 引起的软错误,两者相互叠加,而且均具有频率相关性,因此在实验测量中一般无法直接区分逻辑电路总软错误的具体来源或这两种软错误对总软错误的贡献大小。同时,这两种软错误随频率的变化趋势相反,因此逻辑电路总的软错误随频率的升高既有可能增加也有可能减小,结果取决于两种软错误贡献的相对大小。Mahatme 等人[34]通过实验研究发现随入射粒子 LET 值的增加,逻辑电路总的单粒子软错误中 SET 软错误占的比重增大,使得总软错误随频率增加而增加的趋势越发明显;而且逻辑电路工作电压对单粒子软错误随频率的变化趋势有调制作用——逻辑电路电压降低使得 SEU 的时间屏蔽效应更加明显,导致总的软错误随频率增加而趋于减小;组合逻辑延迟时间会影响 SEU 时间屏蔽效应,也会影响总软错误随频率的变化趋势。

虽然目前的研究表明逻辑电路的 SET 和 SEU 软错误截面均受到频率的影响,但是在逻辑电路单粒子效应实验结果的分析中,研究者容易忽略 SEU 软错误的频率相关性,从而导致实验结果分析不当[35-37];而且目前尚缺乏定量评估逻辑电路单粒子软错误来源的实验和仿真方法,因此如何通过单粒子软错误截面测量实验,并结合仿真模拟,定量评估逻辑电路在不同频率下的单粒子软错误动态截面有重要的意义,相关的工作尚未见报道。

1.4.2　版图结构对纳米逻辑电路 SET 影响

集成电路工艺节点的缩小导致相邻晶体管的物理间距减小,单粒子敏感区域的距离也减小。在纳米工艺节点下,一个高能粒子的入射可以同时影响集成电路中多个单粒子敏感区域,引发单粒子电荷共享效应。同时,单个高能粒子入射引起的寄生双极晶体管效应[38]也由于集成电路工艺节点的缩小而增加[39],进一步加剧了单粒子电荷共享效应[40-42]。Quinn 等人[43]的实验表明,电荷共享效应导致的单粒子多位翻转占所有 SEU 的比重随工艺节点的缩小迅速增加,如图 1.5 所示。发生在组合逻辑电路中的电荷共享会导致单粒子多瞬态脉冲效应的产生,而且产生的概率随集成电路工艺节点的缩小也会呈现类似的增加趋势。相比于单粒子多位翻转效应,单粒子多瞬态效应不仅在实验测量、分析和加固上更加困难,而且由

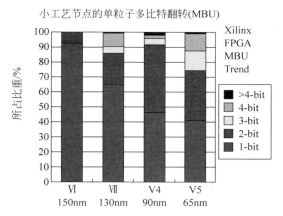

图 1.5　集成电路中单粒子多位翻转占所有 SEU 的比重随
集成电路工艺节点的变化[43]（前附彩图）
图片引自网络公开资料

于单粒子多瞬态效应在电路中不断传播,传播路径复杂多样,其评估难度
也更有挑战性。

　　针对 SET 脉冲宽度的测量和分析,北京微电子技术研究所岳素格等人
基于 65nm 体硅工艺设计了 SET 脉冲宽度的片上测量芯片,得到了对 SET
效应加固设计非常重要的组合逻辑电路 SET 脉宽分布信息[44];国防科技
大学 Qin 等人通过仿真研究了影响先进工艺节点晶体管 SET 脉宽的多种
因素[45-46]。国外针对 SET 效应,采用最新工艺的器件如 FinFET,锗硅晶
体管进行激光微束、重离子单粒子效应实验[47]和仿真模拟[48]研究;通过片
上和片外 SET 脉冲测量方法,研究不同的工艺类型(如 SOI 和体硅工艺)
和工艺节点(如 65nm 和 28nm 等)的组合逻辑电路 SET 脉冲的产生与传
播规律。

　　研究表明,组合逻辑电路中发生的单粒子电荷共享有可能引起 SET 脉
冲宽度的减小,也有可能产生单粒子多瞬态脉冲。当单粒子电荷共享作用
在有电学连接的逻辑门或者晶体管之间时,SET 脉冲宽度减小;当单粒子
电荷共享发生在无电学连接的逻辑门或者晶体管之间时,单粒子多瞬态脉
冲产生。例如对于同一个反相器中的 NMOS 和 PMOS 管,它们的单粒子
电荷共享导致该反相器输出的脉宽减小[49];前后相连的两级反相器间发生
的单粒子电荷共享引起 SET 脉冲猝熄效应(pulse quenching effect)[50-51],减小
SET 脉宽;没有电学连接的反相器之间发生单粒子电荷共享引起单粒子多

瞬态脉冲的产生[52]。

同时研究表明,逻辑电路的版图结构设计对单粒子电荷共享的影响很大。Gadlage 等人发现[53-55],通过增加阱接触的面积,例如采用保护环和保护带等版图技术,晶体管内的电势更不容易被入射粒子干扰,从而减弱单粒子效应。国防科技大学 Du 等人通过仿真研究发现利用保护环的版图布局结构,选择性加固单粒子多瞬态脉冲敏感区域,在增加 30% 电路面积的情况下,能减少 85% 的单粒子多瞬态脉冲发生概率[52]。国防科技大学 Huang 等人通过实验发现相比双阱工艺,三阱工艺产生的单粒子多瞬态脉冲效应更加严重[56]。Evans 等人[57]发现,反相器横向布局比纵向布局产生更多的单粒子多瞬态脉冲效应——单个入射粒子能够在横向布局的反相器中同时产生多达 5 个 SET 脉冲,而相应的纵向布局仅仅产生 2 个 SET 脉冲。除增加阱接触等版图加固技术外,针对单粒子多瞬态脉冲的加固方法还包括利用 EDA 设计工具识别出对单粒子多瞬态脉冲敏感的晶体管,在版图上增加这些晶体管的物理间距,降低单粒子电荷共享效应,从而减弱单粒子多瞬态脉冲效应。基于仿真计算,Kiddie 等人[58-59]利用测试电路验证了这种方法的有效性。Amusan 等人用激光微束单粒子效应实验手段研究了组合逻辑电路的单粒子电荷共享效应,对比了不同版图结构的单粒子电荷共享差异[60]。

总结此前的研究工作发现,目前针对纳米 CMOS 逻辑电路的单粒子多瞬态效应研究主要集中在仿真层面,实验研究比较缺乏,尤其是利用版图加固技术降低纳米 CMOS 逻辑电路单粒子多瞬态脉冲效应的研究工作尚未见报道。虽然激光微束单粒子效应实验手段已经广泛用于研究单粒子效应,但是用它研究单粒子多瞬态脉冲效应的工作尚未见文献报道,同时关于它和重离子实验手段在研究单粒子多瞬态效应差异方面的文献也非常缺乏,相关工作亟待补充和完善。

1.4.3　总剂量效应对纳米逻辑电路 SEE 影响

总剂量效应会改变纳米逻辑电路的电学参数,也可能影响单粒子效应的电荷收集效率。逻辑电路的单粒子敏感性同时受到逻辑电路的电学参数和单粒子效应的电荷收集效率的影响,因此总剂量效应会改变纳米逻辑电路的单粒子效应敏感性。

研究发现,集成电路工艺节点的缩小降低了集成电路总剂量效应的敏感性。在较大的工艺节点下,总剂量在栅氧化层产生的缺陷和俘获电荷不仅引起晶体管的静态漏电流的增加，还导致晶体管的阈值电压发生偏移——NMOS 管阈值电压降低而 PMOS 阈值电压增加。在纳米工艺节点下，由于晶体管的栅氧厚度减小到 $1\sim2\text{nm}$ 级别，总剂量作用在栅氧化层而引起的晶体管阈值电压偏移已经可以忽略不计，但是总剂量作用在电路的厚氧化层中而引起的正电荷的积累会导致电路静态漏电流增加[61-62]。这是因为集成电路中器件之间的绝缘层——场氧隔离的尺寸没有随工艺节点缩小而减小。例如几年前非常流行的硅的局部氧化（LOCOS）工艺，以及当前最通用的浅槽隔离工艺（STI），它们的场氧隔离尺寸在 $100\sim1000\text{nm}$。厚氧化层对总剂量的敏感程度较高——厚氧化层区域产生大量的氧化物界面陷阱，从而改变集成电路的电学性能。场氧受到总剂量效应影响的主要表征为漏电流的增加，既有器件内部（源漏极之间）的漏电流增加，也有器件之间（源漏极与版图上相邻器件的阱区域）的漏电流增加。图 1.6 为这两种漏电流产生区域的示意图。箭头 1 表示晶体管导电沟道受到场氧隔离区域正电荷积累的影响而导致晶体管源漏极间的漏电流增加；箭头 2 表示 NMOS 源漏极和 PMOS 的 N 阱间的场氧发生正电荷积累而产生的漏电流通道。由于总剂量引起场氧区的电荷积累主要是正电荷，而 NMOS 的电学性能受到这些正电荷的影响较大（相比 PMOS），所以 NMOS 及其附近区域是总剂量引起的场氧漏电流产生的主要区域[19]。

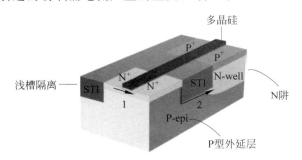

图 1.6　浅槽隔离工艺的集成电路受总剂量辐照之后在场氧隔离区域产生的两种漏电流通路[19]（前附彩图）

Zebrev 等人[63]结合器件总剂量实验和器件物理与集约模型的效应建模发现，总剂量引起的漏电流对受辐照晶体管 I-V 特性曲线的影响可以通过并联在受辐照晶体管的集总参数寄生晶体管来等效，同时发现寄生晶体管的阈值电压和有效沟道宽度相比受辐照晶体管的阈值电压和有效沟道宽度小，等效栅氧厚度则相对更大。

相比总剂量效应,集成电路的单粒子敏感性随集成电路工艺节点的缩小而增加。部分高能粒子只有在集成电路的工艺节点缩小到纳米尺度后才能引发单粒子效应,比如电子[64]、质子(直接电离作用)[65]和缪子[66]等。Axness 等人[67]针对沟道长度为 $2\mu m$、栅氧厚度为 $32nm$ 的 SRAM 存储单元,研究了总剂量效应对 SRAM 存储单元单粒子效应的影响,发现总剂量引起晶体管阈值电压和载流子迁移率减小,且减小的幅度与晶体管受总剂量辐照时的偏压状态有关,进而引起 SRAM 结构的单粒子敏感性不对称,即其 SEU 敏感性与电路存储的状态有关;Schwank 等人则利用深亚微米尺度的 SRAM 存储单元,对比研究了不同测试向量下单粒子效应受总剂量效应的影响[68-69],发现总剂量引起静态漏电流的大小可以衡量 SRAM 单粒子敏感性变化幅度,这是因为静态漏电流增加导致的 SRAM 芯片内部供电电压降低,其单粒子敏感性增强。Balasubramanian 等人[70-71]通过片上自触发 SET 脉冲宽度测量系统,研究了重离子累积注量引起的总剂量效应对 90nm CMOS 逻辑电路 SET 脉冲宽度传播的影响,发现总剂量辐照导致逻辑电路 SET 脉冲宽度在传播中发生展宽或者压缩。该研究认为浅槽隔离厚氧化层受到总剂量效应影响而导致的漏电流增加会引起反相器的上升沿和下降沿时间的不匹配,从而引起 SET 脉冲在传播中发生展宽或者压缩。

综合此前研究的进展,纳米体硅 CMOS 工艺电路受到总剂量的影响主要体现为 NMOS 晶体管漏电流的增加,但是这种漏电流的增加对纳米体硅 CMOS 工艺逻辑电路单粒子敏感性的影响(包括 SEU 和 SET 软错误截面)的相关研究尚未见报道,其影响的内在机理也亟待探索。

1.4.4 温度对纳米逻辑电路 SEE 影响

温度对集成电路单粒子效应敏感性的影响可能是多方面的。它既影响载流子迁移率、扩散系数和载流子寿命,也影响晶体管的寄生双极放大效应,进而影响集成电路的电学参数和电路敏感节点的单粒子电荷收集效率。一方面,温度增加会导致存储单元发生翻转的阈值电压略微减小[72-73]。Bagatin 等人[74]的仿真结果表明,温度升高也会降低 SRAM 器件的读写速度,增加其 SEU 的临界电荷量,从而降低其 SEU 敏感性;另一方面,Truyen 等人[72]的 SRAM 器件仿真结果表明,由于温度升高导致硅半导体电子迁移率和扩散系数均呈现指数的减小,SET 脉冲电流的峰值随温度升高而减小[75-76],SET 脉冲宽度则增加[77]。Boruzdina 等人[73]发现,温度升高引起寄生双极放大效应增加(特别是衬底电阻较大的掺杂工艺),提高了 SET 电流的宽度,从而增强了 SRAM 的 SEU 敏感性。

针对纳米逻辑电路单粒子效应的温度敏感性,国内外主要开展了 SET 脉冲宽度受温度影响的研究。Gadlage 等人[78]和国防科技大学 Chen 等人[79]分别通过 SET 脉冲宽度测量实验和基于电路与器件的混合模式单粒子效应仿真发现,温度升高会增强纳米体硅工艺集成电路 PMOS 晶体管的寄生双极放大效应,导致其 SET 脉冲宽度增加。而全耗尽 SOI 工艺的晶体管没有双极放大效应的干扰,因此基于此工艺的逻辑电路 SET 脉冲宽度对温度变化不敏感。

Ferlet-Cavrois 等人[80]的研究表明,纳米集成电路的寄生双极晶体管效应只有在入射粒子的 LET 较大($> 10 \mathrm{MeV} \cdot \mathrm{cm}^2/\mathrm{mg}$)时才比较明显。在较低 LET 下,这种寄生效应很弱,可以忽略不计,温度主要是通过改变集成电路的电学参数来影响其单粒子效应敏感性;Kauppila 等人[81-82]利用 α 粒子研究温度对低 LET 粒子的单粒子效应的影响,发现温度升高会降低纳米集成电路晶体管的沟道载流子迁移率,减小晶体管的有效驱动电流,增加其低 LET 粒子的 SEU 敏感性。

由于引发单粒子效应的临界电荷量按工艺特征尺寸平方关系减小[83-85],已有研究表明,电子[64]、质子[65]和 α 粒子[86]等低 LET 粒子的直接电离作用均可引发纳米集成电路的单粒子效应。总结当前的研究进展,可以发现,一方面,针对纳米体硅 CMOS 工艺逻辑电路的低 LET 粒子 SEU 敏感性受温度影响的研究并不多见[81];另一方面,在较大变化范围的工作电压下,关于纳米体硅 CMOS 工艺逻辑电路的低 LET 粒子 SEU 和 SET 软错误截面随温度变化的规律及其内在机理的研究也未见报道。

1.5　本书的目标和研究内容

本书的目标是研究纳米体硅 CMOS 工艺逻辑电路的单粒子效应的产生、传播受电路工作电压、频率、电路版图结构设计及总剂量效应和温度的影响规律并揭示其内在机理。选用 40nm 体硅 CMOS 和 65nm 体硅 CMOS 工艺设计逻辑电路,通过单粒子效应实验和电路级仿真相结合的手段开展研究。本书主要分为 6 章,结构框架如图 1.7 所示。在研究集成电路自身参数(工作电压和频率等)和结构(组合逻辑延迟时间和版图结构等)对纳米体硅 CMOS 工艺逻辑电路单粒子效应影响及其机理分析的基础上,探讨空间辐射环境（总剂量和温度）对纳米体硅 CMOS 工艺逻辑电路的单粒子效应影响规律及内在机理。

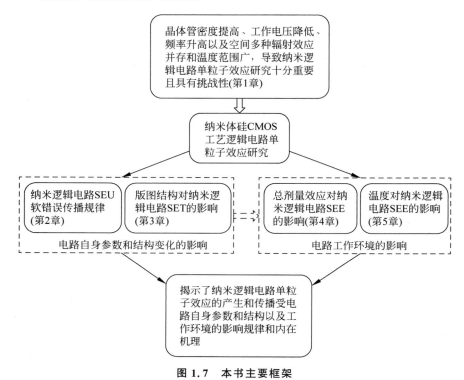

图 1.7　本书主要框架

第 1 章为绪论，介绍了本书研究的背景和意义、重要的概念、国内外的研究现状和不足，以及本书的主体内容安排。

第 2 章开展纳米逻辑电路 SEU 软错误的传播规律研究。分析现有的 SEU 软错误传播模型，发现其存在的缺陷，提出改进的模型并进行仿真和实验验证；利用改进的模型提出定量评估逻辑电路单粒子软错误动态截面的方法，同时研究纳米逻辑电路单粒子软错误受 SEU 时间屏蔽效应的各种影响因素。

第 3 章开展版图设计结构对纳米逻辑电路 SET 效应影响的研究。利用改进的片上自触发 SET 脉冲宽度测量系统测量保护环版图加固结构和商用版图结构反相器链产生的单粒子多瞬态脉冲，分析其单粒子多瞬态脉冲产生概率和脉宽分布的差异。

第 4 章开展总剂量效应对纳米逻辑电路单粒子效应影响规律的研究。

在不同工作电压、测试向量下,研究 SEU 和 SET 软错误随累积的总剂量变化规律并揭示内在机理。

第 5 章开展温度对纳米逻辑电路单粒子效应影响规律的研究。在高、低工作电压下,研究 SEU 和 SET 软错误随温度变化的规律并揭示内在机理。

第 6 章总结本书研究内容及本书的成果,凝练创新点,同时对今后工作进行展望。

第 2 章　纳米逻辑电路 SEU 软错误传播规律的研究

2.1　本 章 引 论

随着集成电路工艺节点缩小,逻辑电路工作电压的下降、工作频率的提高和电路结构的复杂化,SEU 软错误在逻辑电路中的传播规律研究变得更加重要和困难。SEU 和 SET 软错误在逻辑电路中的传播分别受到时间屏蔽作用和时间窗口效应的影响,导致它们均具有频率相关性,但是具有不同的变化规律,从而增加逻辑电路单粒子软错误的分析难度。关于 SET 软错误的时间窗口效应,目前的研究较为成熟,已有相应的解析公式和模型,但是关于 SEU 软错误的时间屏蔽效应,目前的解析模型尚不准确。

本章以 40nm 体硅工艺触发器链逻辑电路为研究载体,分析 SEU 时间屏蔽效应对 SEU 软错误传播规律的影响。首先分析逻辑电路 SEU 传播规律,改进现有的传播模型,并进行实验和仿真验证;然后用改进的模型,提出纳米逻辑电路 SEU 软错误的加固策略和定量评估纳米逻辑电路单粒子软错误的动态截面的方法;最后分析纳米逻辑电路总软错误(包括组合逻辑 SET 软错误和触发器 SEU 软错误)随频率的变化趋势受组合逻辑电路延迟时间、触发器 SEU 敏感性和电路工作电压的影响,并预测不同工作频率下的纳米逻辑电路总软错误截面。

2.2　逻辑电路 SEU 传播模型分析和仿真验证

2.2.1　现有的逻辑电路 SEU 传播模型分析

触发器是逻辑电路中常用的时序存储单元。当它处于锁存的状态时,对 SEU 敏感,其翻转的机制与 SRAM 存储单元的 SEU 机制基本一样[87]。但是它们在产生 SEU 后的软错误传播形式又有显著的不同。由于 SRAM 存储单元受到读写信号的控制而没有受到时钟的周期性调控,它所产生的

SEU 软错误都可以被读出或者可以传播到电路输出端。触发器则不同,它的状态更新受时钟信号的周期性调控,而且在实际的逻辑电路中一般都会有多级的触发器串联,所以中间某一级触发器(前级触发器)发生的 SEU 需要被其下一级触发器(后级触发器)捕获才能把这个触发器产生的 SEU 传播到输出端,形成有效的或者对电路最后工作状态有影响的软错误。下面基于逻辑电路中最常用的主从式 D 触发器进行 SEU 软错误传播机理分析。对于其他类型的触发器,通过一定的变化即可拓展分析。

在实际电路中触发器之间一般还有组合逻辑电路存在,为了保证触发器间信号的正确传递,电路的时钟周期受到限制:

$$T_{clk} > T_{clk\_q} + T_{logic} + T_{setup} \tag{2-1}$$

其中,T_{clk_q} 代表前级触发器在有效时钟产生跳变后输出信号的延迟时间,T_{logic} 表示信号在组合逻辑电路中的延迟时间,T_{setup} 表示后级触发器(即接收信号的触发器)的建立时间,而 T_{clk} 则表示逻辑电路的时钟周期。如果前后级触发器的结构是完全相同的,那么它们的 T_{clk} 和 T_{setup} 等参数也一样。

以上是触发器间正常信号传递需要满足的时序要求。如果 SEU 发生在前级触发器中,那么这种异常信号有可能被当作正常信号传播到后级触发器,但它需要满足更苛刻的时序条件。图 2.1 给出了触发器中信号传播的三种可能的时序图:①前级触发器没有受 SEU 干扰时的信号传播;②SEU 发生在前级触发器某个时钟周期较早的时间内(距离有效的时钟跳变沿较近的时刻),再经过组合逻辑电路延迟后,被后级触发器捕获;③SEU 发生在前级触发器的时刻较晚(距离有效的时钟跳变沿较远的时刻),无法被后级触发器捕获,即前级触发器的 SEU 被时间屏蔽了。

文献[29]对此在仿真上已经做过较为详细的讨论,而且基于该分析,可以得到前级触发器发生 SEU 后能够被后级触发器捕获的时间长度(在一个时钟周期内):

$$T_{wov} = T_{clk} - (T_{clk\_q} + T_{logic} + T_{setup}) \tag{2-2}$$

其中,T_{wov} 为前级触发器在一个时钟周期内 SEU 的敏感时间窗口,相应的 $(T_{clk\_q} + T_{logic} + T_{setup})$ 为其 SEU 不敏感时间窗口,用 T_{mask} 标记。发生在 T_{mask} 时间内的前级触发器 SEU 无法被后级触发器捕获。T_{mask} 其实还能衡量逻辑电路的工作速度,因为它决定了逻辑电路可以正常工作的最小时钟周期或者最大工作频率(即 $1/T_{mask}$)。它与逻辑电路的设计结构有关系,并受到电路工作条件的影响,比如温度、电压等。T_{wov} 与时钟周期的比例则表示 SEU 产生于前级触发器后可以传播到后级触发器的概率:

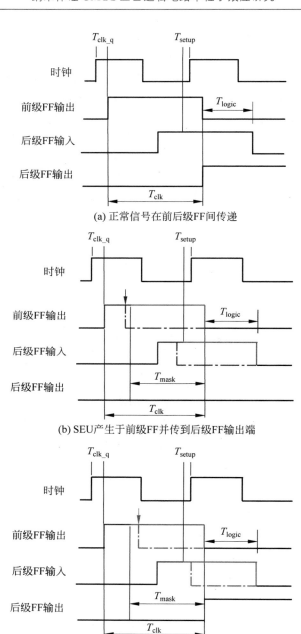

(a) 正常信号在前后级FF间传递

(b) SEU产生于前级FF并传到后级FF输出端

(c) SEU产生但不传播到后级FF输出端

图 2.1　触发器中信号传播的三种时序（前附彩图）

$$\eta = \frac{T_{\text{wov}}}{T_{\text{clk}}} = 1 - \frac{T_{\text{clk\_q}} + T_{\text{logic}} + T_{\text{setup}}}{T_{\text{clk}}} = 1 - T_{\text{mask}} F_{\text{clk}} \qquad (2\text{-}3)$$

其中,F_{clk} 为逻辑电路的时钟频率。文献[29]则用 SEU 时间敏感因子 TVF 代表这个概率。由式(2-3)可知,当逻辑电路工作频率增加时,TVF 线性下降,下降的斜率为 $-T_{\text{mask}}$,它表示前级触发器中的 SEU 能够传播到 后级触发器的概率的下降速率。

2.2.2　现有的逻辑电路 SEU 传播模型仿真验证

为了验证式(2-2)的准确性,先通过电路仿真给予验证。选择表 2.1 (见 2.3.1 节第 1 条)中的 DFF-INV2 触发器链作为仿真对象,利用电路仿 真软件 Cadence 进行 SEU 注入和传播的电路仿真。DFF-INV2 基于 40nm 体硅工艺,采用传统 D 触发器设计,触发器之间均连接 20 级反相器。图 2.2 给出了仿真的示意图。具体方法是在触发器链某级触发器内注入双指数脉 冲电流,模拟 SEU 的产生[88]。改变 SEU 的注入时刻,使其均匀密集分布 于一个时钟周期内,同时在注入每一个 SEU 后监测下一级触发器在下一个 时钟周期内能否捕获到这一级触发器产生的 SEU 异常信号。当时钟处于 高电平时,图 2.2 所示的主从式 D 触发器的主级锁存器处于锁存状态,对 SEU 敏感(4 个敏感节点,选取其中一个作为 SEU 注入点即可),而从锁存 器处于写入状态,相当于组合逻辑电路,对 SEU 不敏感;相反,当时钟是低 电平时,只有从级锁存器对 SEU 敏感。因此仿真时就需要根据时钟电平的 高低在触发器相应的 SEU 敏感位置注入 SEU 软错误。

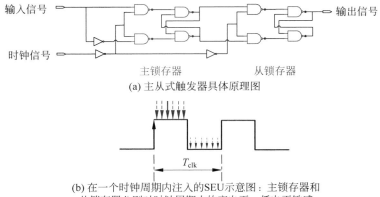

(a) 主从式触发器具体原理图

(b) 在一个时钟周期内注入的SEU示意图:主锁存器和 从锁存器分别对时钟周期内的高电平、低电平敏感

图 2.2　主从式触发器及其 SEU 注入时刻示意图(前附彩图)

通过这种 SEU 注入方法,统计一个时钟周期内前级触发器 SEU 可以传播到后级触发器的时间长度,即得到 SEU 敏感时间窗口。另外,式(2-2)中右边各项值均可以按照各自的定义进行电路仿真得到,这样就得到了根据模型公式计算的敏感时间窗口。在不同的工作电压下,重复 SEU 注入过程和模型计算操作,得到不同电压下的 SEU 敏感时间窗口。如果两种方法得到的结果吻合,则可以验证式(2-2)的准确性。图 2.3 给出了 DFF-INV2 在不同工作电压下两种方法的结果。仿真时使用了 40nm 体硅工艺设计包(PDK),选择时钟频率为 500MHz。对比发现两种方法给出的结果非常吻合,证明了式(2-2)的准确性。而且,图 2.3 还表明电路工作电压越低,触发器的 SEU 敏感时间窗口越小,也就是 SEU 的时间屏蔽效应越强。

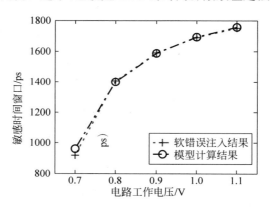

图 2.3　电路仿真验证不同工作电压下逻辑电路 SEU 敏感时间窗口

在验证了现有 SEU 传播模型后,可以预测在不同工作电压下前级触发器发生 SEU 并传播到后级触发器的概率随频率的变化规律。同样针对 DFF-INV2,不过不同于上面的原理图仿真,下面用版图寄生参数提取进行后仿真,得到相应的 SEU 敏感时间窗口。通过这种方式得到的仿真结果与实际芯片流片后的 SEU 敏感时间窗口接近。图 2.4 给出了模型计算的 SEU 软错误传播概率(TVF)随频率的变化。可以看出,当频率增加时,前级触发器 SEU 能够传播到后级的概率线性减小,而且工作电压越低,这种趋势就越明显。

2.2.3　改进的逻辑电路 SEU 传播模型

2.2.1 节和 2.2.2 节分别介绍了现有的逻辑电路 SEU 传播模型的时

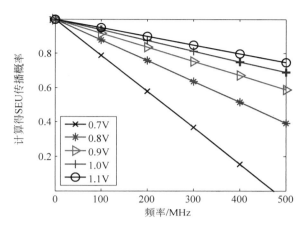

图 2.4　模型计算的 SEU 软错误传播概率（TVF）随频率的变化

©[2020]IEEE. Reprinted, with permission, from reference[103]

序分析及其模型的电路仿真验证。仔细分析发现,现有模型成立的一个前提是触发器发生 SEU 的概率在一个时钟周期内保持恒定,或者说触发器在一个时钟周期内的 SEU 敏感性相同。这就要求主从式结构触发器的主从锁存器的 SEU 敏感性一致。但是在实际电路设计中,主从锁存器的 SEU 敏感性可能有差异。因此,为了分析实际触发器中 SEU 传播的概率,研究 SEU 软错误的传播规律,需要在区分触发器主从锁存器 SEU 敏感性差异的基础上,将现有的 SEU 传播模型进行改进。

通过参考 2.2.1 节初始部分介绍的触发器 SEU 有效传播的时序条件可知,主从触发器在一个时钟周期的不同时间段内对 SEU 敏感的区域不同:在时钟有效跳变沿(如图 2.1 所示上升沿)到来后,触发器的主锁存器在前半个周期内(时钟为高电平,这里假设时钟高低电平的占空比为 50%)处于锁存状态而从锁存器则在后半周期内(时钟为低电平)处于锁存状态,这是主从锁存器在 SEU 产生上的时序差异。同时,主从锁存器在 SEU 传播的时序上也存在区别:主锁存器在有效时钟上升沿出现的前半个周期内决定触发器的输出状态,当它发生 SEU 时,从发生时刻到这个时钟周期的结束,触发器都处于翻转状态。由于此时触发器的 SEU 异常信号出现在时钟周期较早阶段,容易被下一级触发器捕获而不会被屏蔽掉,类似图 2.1(b)所示;当从锁存器在 SEU 敏感窗口内(时钟周期的后半段)发生 SEU 时,触发器从发生 SEU 的时刻到这个周期结束时处于翻转状态。由于此时触发器的 SEU 异常信号出现在时钟周期较晚阶段,不易被下一级触发器捕获而被容易屏蔽,类似图 2.1(c)所示。当 T_{msak} 逐渐增加时,发生在时钟周期的后半段的触发器 SEU(来源于从锁存器)优先被屏蔽,直到从锁存器的 SEU 完全被屏蔽后,发生在时钟周期前半段的触发器 SEU(来源于主锁存器)才开始被屏蔽。决定主锁存器产生的 SEU 开始有时间屏蔽效应的边界条件是 SEU 敏感时间窗口,如式(2-2)所示,等于半个时钟周期(即从锁存器的 SEU 敏感时间窗口,基于时钟 50% 的占空比假设)。触发器 SEU 被屏蔽的具体情况可以分如下三种:

(1) 当 $T_{mask} < T_{clk}/2$ 时,从锁存器的 SEU 部分被屏蔽,主锁存器的 SEU 不被屏蔽,能够传播到下一级触发器;

(2) 当 $T_{mask} = T_{clk}/2$ 时,从锁存器的 SEU 恰好完全被屏蔽,主锁存器的 SEU 不被屏蔽,能够传播到下一级触发器;

(3) 当 $T_{mask} > T_{clk}/2$ 时,从锁存器的 SEU 完全被屏蔽,主锁存器的 SEU 部分被屏蔽。

如果时钟信号的高低电平占空比不是 50%,以上边界条件做相应的调整即可,例如低电平占 70%,则第一个边界条件则是 $T_{mask} < 0.7T_{clk}$。

由于主从锁存器的 SEU 传播规律或者时间屏蔽效应存在这些区别,可以预见如果主从锁存器的 SEU 截面不一致,那么现有的触发器 SEU 时间敏感因子 TVF 的计算公式(2-3)需要改进,得到更准确的计算公式。假设主从锁存器在某种辐射环境下的 SEU 截面分别是 σ_m 和 σ_s,它们可以通过仿真得到或者在实验上通过让触发器的时钟大部分时段处于高电平或者低电平进行 SEU 软错误截面测试得到,具体测试方法将在 2.3.1 节的第 2 条中做统一的介绍。考虑到一般逻辑电路的时钟信号占空比是 50%,在不考虑 SEU 的时间屏蔽效应下,由于主从锁存器均只在半个时钟周期内对 SEU 敏感,整个触发器的 SEU 截面是主从锁存器 SEU 截面的平均值:

$$\sigma_{FF} = \frac{\sigma_m + \sigma_s}{2} \tag{2-4}$$

当逻辑电路工作在极低频下,或者准静态下,实验测得的触发器 SEU 截面近似为式(2-4),因为此时触发器 SEU 的时间屏蔽效应可以忽略不计。

但是随着逻辑电路工作频率提高,触发器 SEU 的时间屏蔽效应会逐渐增强,导致触发器 SEU 截面逐渐减少。根据时钟频率与电路结构和工作状态的不同,参考前述触发器 SEU 被时间屏蔽的三类情况,触发器 SEU 截面随频率有以下三种变化规律：

（1）当 $T_{\text{mask}} < T_{\text{clk}}/2$ 时，主锁存器对触发器 SEU 截面的贡献不变，而从锁存器对触发器 SEU 截面的贡献随频率增加而减小：

$$\sigma_{\text{s}}\left(\frac{T_{\text{clk}}}{2} - T_{\text{mask}}\right)\Big/ T_{\text{clk}} = \sigma_{\text{s}}\left(0.5 - \frac{T_{\text{mask}}}{T_{\text{clk}}}\right)$$

根据触发器 SEU 软错误传播概率 TVF 的定义，此时

$$\text{TVF} = \left[\frac{\sigma_{\text{m}}}{2} + \sigma_{\text{s}}\left(0.5 - \frac{T_{\text{mask}}}{T_{\text{clk}}}\right)\right]\Big/\left(\frac{\sigma_{\text{m}} + \sigma_{\text{s}}}{2}\right) = 1 - \frac{2\sigma_{\text{s}}}{\sigma_{\text{m}} + \sigma_{\text{s}}} \cdot \frac{T_{\text{mask}}}{T_{\text{clk}}}$$

定义从锁存器与主锁存器的 SEU 截面比为 $\epsilon = \dfrac{\sigma_{\text{s}}}{\sigma_{\text{m}}}$，以上公式进一步可以化简为

$$\text{TVF} = 1 - \frac{2\epsilon}{1 + \epsilon} \cdot \frac{T_{\text{mask}}}{T_{\text{clk}}} \tag{2-5}$$

（2）当 $T_{\text{mask}} = T_{\text{clk}}/2$ 时，从锁存器 SEU 恰好被完全屏蔽，式（2-5）可以表示为

$$\text{TVF} = \frac{1}{1 + \epsilon} \tag{2-6}$$

（3）当 $T_{\text{mask}} > T_{\text{clk}}/2$ 时，从锁存器 SEU 完全被屏蔽，且主锁存器的 SEU 部分被屏蔽，其对触发器 SEU 截面的贡献随频率增加逐渐减小：

$$\sigma_{\text{m}} \frac{T_{\text{clk}} - T_{\text{mask}}}{T_{\text{clk}}} = \sigma_{\text{m}}\left(1 - \frac{T_{\text{mask}}}{T_{\text{clk}}}\right)$$

根据触发器 SEU 的 TVF 定义，得到

$$\text{TVF} = \frac{\sigma_{\text{m}}\left(1 - \dfrac{T_{\text{mask}}}{T_{\text{clk}}}\right)}{\dfrac{\sigma_{\text{m}} + \sigma_{\text{s}}}{2}} = \frac{2}{1 + \epsilon}\left(1 - \frac{T_{\text{mask}}}{T_{\text{clk}}}\right) \tag{2-7}$$

如果主从锁存器的 SEU 截面一样，则 $\epsilon = 1$，那么式（2-5）～式（2-7）均可变成式（2-3）；如果主从锁存器的 SEU 截面有差异，则 $\epsilon \neq 1$，那么以频率为变量的 TVF 函数在 $F_{\text{clk}} = 1/(2T_{\text{mask}})$，即时钟频率处存在转折点。标记 $1/(2T_{\text{mask}})$ 为转折点频率 F_{clk0}。在这个频率点处，从锁存器产生的 SEU 恰好被完全屏蔽，主锁存器的 SEU 尚未被屏蔽。

虽然在实际的逻辑电路中，触发器的主从锁存器一般具有相同的设计结构，但是它们的 SEU 截面可能存在差异，原因是它们输出端的负载电容

可能不同,而锁存器输出端负载电容越小,其 SEU 敏感性越大。例如,如图 2.5 所示 NAND 结构主从触发器,M 和 M_是主锁存器的输出端,它们的输出负载是从锁存器的输入端;Q 和 Q_是从锁存器的输出端,前者的负载是组合逻辑电路的输入端,而后者没有接负载。由于该 NAND 结构主从触发器的从锁存器一个输出端未接负载,负载电容为零,那么从锁存器的 SEU 敏感性(或 SEU 截面)比主锁存器的大,则从锁存器与主锁存器的 SEU 截面比值 ϵ 大于 1。

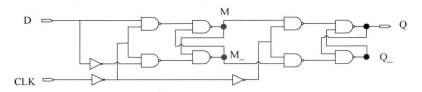

图 2.5   NAND 结构触发器的主从锁存器输出端负载差异示意图

© [2020] IEEE. Reprinted, with permission, from reference[103]

2.3   改进的逻辑电路 SEU 传播模型的实验验证

2.3.1   电路设计和实验方法

1. 40nm 体硅 CMOS 工艺逻辑电路设计

本书利用触发器链作为逻辑电路 SEU 时间屏蔽效应的研究载体,因为相对于一般的逻辑电路,触发器链结构简单且包含了逻辑电路的基本要素(触发器存储单元和组合逻辑单元),可以作为逻辑电路的典型代表,同时它还能避免 SEU 逻辑屏蔽效应的影响。设计的 40nm 芯片上集成了多种触发器链,具体见表 2.1。每条触发器链上含有 4096 级相同的触发器,触发器间连接相同类型的组合逻辑单元。图 2.6 则为四级触发器链的示意图,不同的触发器链上含有不同类型的触发器或者不同设计结构的组合逻辑单元。NAND 结构的主从 D 触发器如图 2.5 所示。图 2.7 为 DICE(dual interlocked cell)[89] 结构 D 触发器(DFF)的原理图及其采用的 DICE 结构锁存器的原理图。图 2.8 为封装好的和开盖处理后(避免封装材料阻止高能粒子入射到芯片敏感区域)的芯片照片。

表 2.1   40nm 芯片的电路结构信息

链条序号	电路名称/符号	触发器类型	触发器间组合逻辑单元
1	DICE1-INV	基本版图设计的 DICE 结构 DFF,敏感节点对间距为 1μm	放置 8 级或者 10 级反相器链,PMOS/NMOS(P/N)宽度为 240nm/240nm
2	DICE2-INV	加固版图设计的 DICE 结构 DFF,敏感节点对间距为 1.6μm	2 级或者 4 级反相器链,P/N 宽度为 240nm/240nm
3	DICE3-INV	加固版图设计的 DICE 结构 DFF,敏感节点对间距为 2.4μm	20 级反相器链,P/N 宽度为 240nm/240nm
4	DICE4-INV	加固版图设计的 DICE 结构 DFF,敏感节点对间距为 3.2μm	10 级反相器链,P/N 宽度为 240nm/240nm
以下均为传统 D 触发器,NAND 结构,而组合逻辑单元不同			
5	DFF-INV1	20 级反相器链,P/N 宽度为 120nm/120nm	
6	DFF-INV2	20 级反相器链,P/N 宽度为 240nm/240nm	
7	DFF-INV3	20 级反相器链,P/N 宽度为 360nm/360nm	
8	DFF-NAND	10 级 NAND 门,P/N 宽度为 120nm/120nm	
9	DFF-NOR	10 级 NOR 门,P/N 宽度为 120nm/120nm	
10	DFF-SUM	2bit 加法逻辑单元	
11	DFF	无组合逻辑	

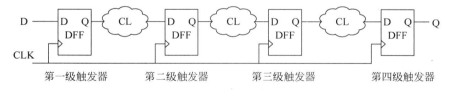

第一级触发器   第二级触发器   第三级触发器   第四级触发器

图 2.6   四级触发器链示意图

© [2020] IEEE. Reprinted,with permission,from reference[103]

2. 逻辑电路单粒子效应测量方法

(1)触发器链单粒子效应测量原理

逻辑电路的单粒子效应测试比 SRAM 存储单元的单粒子效应测试更加复杂,主要因为它受到时钟的调控,信号在组合逻辑电路中及前后级触发器间传播。在正常工作情况下,触发器链的输入信号经过数量为触发器链级数的时钟周期后传播到输出端。如图 2.9 所示,D 输入信号经过四个时

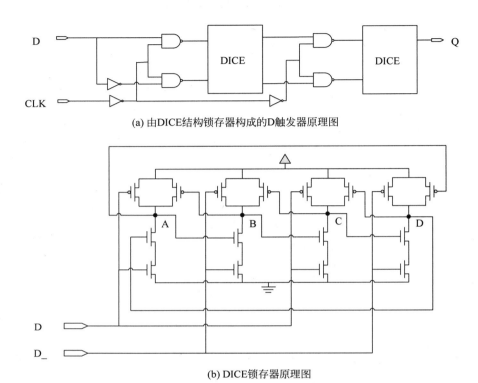

(a) 由DICE结构锁存器构成的D触发器原理图

(b) DICE锁存器原理图

图 2.7　DICE 结构的 D 触发器

©［2020］IEEE. Reprinted，with permission，from reference［103］

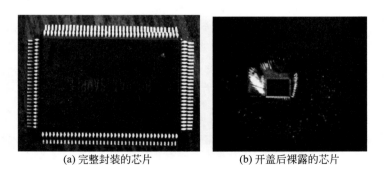

(a) 完整封装的芯片　　　　　　　　　(b) 开盖后裸露的芯片

图 2.8　测试芯片的照片

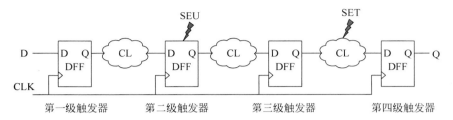

图 2.9　一个四级触发器链中 SEU(触发器)和 SET(组合逻辑单元)发生的示意图

钟周期后传播到 Q 输出端。当单粒子效应发生在触发器链上某级触发器或者组合逻辑单元时,产生的软错误会(如果发生屏蔽效应则不会)经过若干个(即软错误发生的位置到输出端间触发器的级数)时钟周期后传播到输出端。例如在图 2.9 中触发器 SEU 引起的软错误经过两个时钟周期会传播到 Q,而组合逻辑单元 SET 在转化为软错误后经过一个时钟周期传播到 Q。因此,触发器链任何位置上产生的软错误,不管是来自 SEU 还是 SET,都可以在触发器链输出端被探测到。但是,需要注意的是这里忽略了单粒子效应的屏蔽作用,包括 SET 的电学屏蔽和时间窗口屏蔽及 SEU 的时间屏蔽效应。确定输出端 Q 是否有单粒子软错误的方法是在每个时钟周期内将 Q 信号的正常值与 Q 信号的实际值(有可能含有软错误)进行对比,发现结果不一致则计为软错误,从而实现对整条触发器链上产生的软错误的统计。

　　在不影响实验规律研究的前提下,为了简化测试条件,本书采用输入 D 固定为 1(高电平)或者 0(低电平)的两种测试向量测量触发器链的单粒子软错误截面。这种测试条件的优点是可以避免其他无关的单粒子效应干扰实验结果,比如时钟信号的 SET(如果触发器有复位端,还需考虑复位信号的 SET)。因为在这种测试条件下,时钟信号的 SET 不会造成触发器的误操作:触发器输入端的信号与其存储的信号保持一致,即使时钟信号产生了 SET 也不会造成触发器的存储状态发生翻转。最后,为了得到触发器链上平均每一级触发器(包括一个触发器和它后面连接的组合逻辑单元,假设总共有 N 级)的单粒子软错误截面,进行如下计算:

$$\sigma = \frac{n}{N \cdot F}$$

其中,n 为触发器链的 Q 输出端累计的软错误数目,F 为实验使用的粒子总注量。本书后文的实验结果中的触发器链软错误截面都是按照此式进行计算的。

　　为了测量触发器链的 SEU 软错误截面,实验中需要设置低的时钟频率,比如 10MHz,这样既可以把触发链上产生的 SEU 软错误实时传到输出端,进行软错误数目测量,也可以减少 SEU 时间屏蔽效应的干扰。

　　(2) 触发器主从锁存器 SEU 截面测量原理

　　本书提出了一种通过调制触发器链时钟信号分别测量主从锁存器 SEU 截面的方法,调制后的时钟波形图如图 2.10 所示。通过调制时钟信号的波形,让它大部分时间处于全 0(低电平)或者全 1(高电平)的状态,对应只有从锁存器或者主锁存器处于 SEU 敏感状态。同时为了避免触发器链上 SEU 产生后又恢复初始状态,导致漏计数,还需要让调制的时钟信号在全 0 或者全 1 的一定时间间隔内,产生周期数目不小于触发器链总级数的脉冲时钟信号,从而把整条触发器链上产生的 SEU 传播到输出端。但是这种脉冲信号持续的时间相对全 0 或者全 1 的持续时间要非常短,比如是后者的 1%,以尽可能使触发器链上只有从锁存器或者只有主锁存器处于 SEU 敏感状态,从而实现主从锁存器 SEU 截面的独立测量。

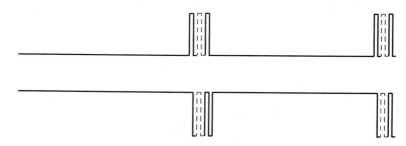

图 2.10　调制后的时钟波形图

控制时钟信号,让它大部分时间保持为 0 或者 1,间隔产生短脉冲高频信号,分别用于测量触发器的从锁存器和主锁存器的 SEU 截面,图中虚线的方波表示时钟周期数目很多(至少是触发器链的总级数)

　　(3) 实验各部分连接

　　图 2.11 为 40nm 芯片单粒子效应测试中各个部件的连接示意图和实物照片。设计与芯片封装管脚分布对应、有合适信号引出方式的 PCB 板,作为芯片与 FPGA 测试板的信号传递的载体。芯片与 FPGA 之间通过两个 40 个端口的 GPIO 进行数据信号交换。FPGA 给芯片提供测试向量、选择和控制信号,芯片则回传数据信号到 FPGA。FPGA 通过计算机对其编

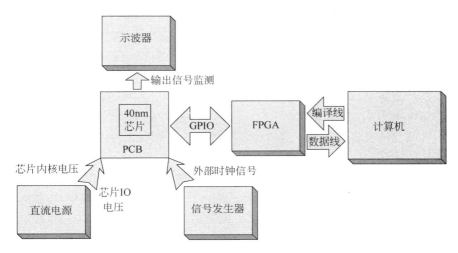

(a) 实验各部件连接示意图

(b) 实现现场照片

图 2.11 40nm 芯片单粒子效应实验测试

译进行功能配置,并通过 USB 线把它处理的测试结果传输给计算机。计算机对测试结果实时显示并存储下来。芯片上除触发器链外,还集成了环形振荡器,作为芯片内部时钟源。环形振荡器产生的时钟频率与芯片内核电压有关,时钟频率在 1.1V 标称工作电压下可达到 520MHz 左右,而当工作电压降低到 0.7V 时,内部振荡时钟频率仅为 110MHz 左右。通过 2 分频和 4 分频,芯片内部时钟源还能产生 0.5 倍和 0.25 倍于环形振荡器频率的时钟信号。除内部时钟源外,芯片还接收来自芯片外部的时钟信号输入,比如函数信号发生器产生的周期信号。利用示波器探测芯片输出信号,比如芯片工作的时钟信号、各个触发器链的输出信号等,辅助判断芯片是否正常工作。直流电压源给芯片提供输入输出端口的电压和内核电压,它们的标称值分别为 1.8V 和 1.1V。

　　模型的验证要求触发器链在不同的电压和频率等测试条件下进行单粒子效应测试,所以需要耗费大量的单粒子效应实验时间。如果利用加速器产生的重离子进行模型的实验验证,则成本太高。因此,在不影响实验规律的情况下,利用自发裂变的 Po-210 α 源开展低 LET 的单粒子效应实验,其注量率约为 $4 \times 10^6/(s \cdot cm^2)$,粒子能量的中心值约为 5MeV。图 2.12 为 α 源放置在芯片正上方的图片,源到开盖后的芯片表面距离为 1cm 左右。通过 SRIM 软件计算可得,5MeV 的 α 粒子在空气中的射程为 2.7cm,而在硅中的射程为 24μm,在 Si 中 LET 峰值约为 1.45MeV $\cdot$ cm^2/mg。由于一般纳米体硅工艺的晶体管的漏极 PN 结深度在 1μm 以内,预计 Po-210 产生的 α 粒子大部分可以到达芯片器件的敏感区域,产生单粒子效应。为了便于触发器链的单粒子软错误统计及其截面的计算,设置不同测试条件下的辐照时间相同。同时,为了保证单粒子软错误截面的计算有足够的统计量,降低统计误差,每个实验点的累计单粒子软错误均超过 1000 个计数。

图 2.12　α 源(黄色标识)放置在芯片上方进行单粒子效应实验(前附彩图)

　　表 2.2 给出了为了验证 SEU 软错误传播模型,需要用到的电路类型(电路具体结构的具体信息可参考表 2.1)及其在 1.1V 工作电压下的电学参数(版图寄生参数提取的后仿真结果)。其中,DFF-INV2 就是 2.2.2 节

仿真所用的触发器链类型；DICE3-INV 与 DFF-INV2 有相同的组合逻辑单元，即 20 级反相器链；DFF 与 DFF-INV2 采用相同的触发器，即 NAND 结构触发器；DICE3-INV 和 DFF 分别用来估计 DFF-INV2 中来自组合逻辑电路的 SET 软错误截面和触发器内部的 SET 软错误截面。

表 2.2　验证 SEU 软错误传播模型所需的触发器链的电学参数

（1.1V 工作电压下，版图寄生参数提取的后仿真结果）

链条序号	电路名称/符号	T_{setup}/ps	T_{hold}/ps	T_{clk_q}/ps	T_{logic}/ps	T_{mask}/ps
1	DICE3-INV	60	−40	135	195	390
7	DFF-INV2	60	−30	63	390	513
12	DFF	60	−30	44	0	104

2.3.2　实验结果和讨论

为了验证逻辑电路 SEU 的时间屏蔽效应及其 TVF 计算公式的准确性，需要定量对比通过仿真和模型计算的 TVF 和实验得到的 TVF。首先，把 SEU 引起的软错误从 DFF-INV2 的总软错误测量结果（包括了 SEU 和 SET 两种软错误来源）中分离出来，再单独分析 DFF-INV2 中 SEU 引起的软错误随频率的变化规律。DFF-INV2 中 SET 产生于组合逻辑电路和触发器内部等效的组合逻辑电路。这两种 SET 软错误截面可以分别通过 DICE3-INV 和 DFF 的 SET 软错误截面计算出来。

参考式（2-5）～式（2-7）可知，触发器链中组合逻辑延迟越小，触发器 SEU 时间屏蔽效应越弱。由于 DFF 触发器链中不存在组合逻辑单元，它受到 SEU 时间屏蔽效应的影响较弱。通过 α 单粒子效应实验发现，除工作电压 $V_{dd}=0.7V$ 外，DFF 的单粒子软错误截面随频率的增加在不同工作电压下均呈现增加趋势，具体结果如图 2.13 所示。这是因为它的触发器内部的主锁存器（从锁存器）在时钟为低电平（高电平）时功能类似组合逻辑单元，对 SET 敏感，而 SET 软错误随频率的增加而增大，即时间窗口效应[86]。由于 DFF 与 DFF-INV 采用相同的触发器，DFF-INV 的触发器内部 SET 软错误截面与 DFF 的 SET 软错误截面（不存在组合逻辑电路的 SET 软错误截面）相同，而后者可以通过把图 2.13 中不同频率下的软错误截面减去频率为零时的软错误截面得到。在 $V_{dd}=0.7V$ 的低工作电压下，D 触发器受 SEU 时间屏蔽效应的影响开始变得明显，参考式（2-5）～式（2-7）可知，触发器的建立时间和数据输入输出延迟时间随电压降低而增加，导致 SEU 时间屏蔽效应随电压降低而增强。SEU 的时间屏蔽效应与 SET 的时间窗口效应相互作用,前者导致 DFF 软错误截面随频率减少,后者导致 DFF 软错误截面随频率增加,而在 0.7V 工作电压下,两者的作用恰好相互抵消,出现 DFF 软错误截面随频率近似不变的现象。因此,在低电压下,DFF 的触发器内部 SET 软错误截面的计算还需要考虑 SEU 的时间屏蔽效应的干扰,可以参考式(2-5)～式(2-7)进行软错误截面补偿。

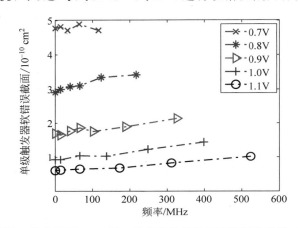

图 2.13　在不同工作电压下,DFF 的 α 单粒子软错误截面随触发器链工作频率的变化

© [2020] IEEE. Reprinted, with permission, from reference[103]

DFF-INV2 的单粒子软错误随频率的变化情况如图 2.14 所示。由图可知,DFF-INV2 的软错误截面在高频端出现了一定程度的下降,而且在低压时下降趋势更明显,这与图 2.13 中 DFF 的结果明显不同。由于 DFF-INV2 和 DFF 采用的触发器相同而组合逻辑单元不同,DFF-INV2 和 DFF 的软错误截面随频率变化的差异应该归结于 DFF-INV2 中组合逻辑单元(即 20 级反相器链)的影响。参考式(2-5)～式(2-7)可知,组合逻辑单元延迟的增加减小了 SEU 软错误传播的敏感时间窗口,从而增强了 SEU 的时间屏蔽效应。同时,工作电压越低,DFF-INV2 软错误截面随频率增加而降低的趋势就越明显,这与图 2.4 给出的电路仿真结果大致吻合。

DICE3-INV 中的触发器是 SEU 加固的,因此它产生的 α 粒子 SEU 软错误可以忽略不计(也得到实验证实)。由于 DICE3-INV 和 DFF-INV2 有相同的组合逻辑单元设计,所以在相同的工作环境下(包括工作电压、温度等),它们的组合逻辑单元具有相同的 SET 敏感面积。同时根据表 2.2 的电学参数可以看出,DICE3-INV 和 DFF-INV2 中触发器的建立和保持时间

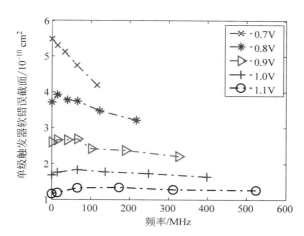

图 2.14　DFF-INV2 的 α 单粒子软错误截面(每一级触发器和 20 级反相器链)随工作频率的变化

© [2020] IEEE. Reprinted, with permission, from reference[103]

接近(建立和保持时间影响触发器捕获 SET 的概率),所以 DICE3-INV 和 DFF-INV2 中组合逻辑的 SET 软错误截面应该一致,可以用前者的 SET 软错误截面测量结果确定后者的 SET 软错误。实验结果表明,DICE3-INV 在 1.1V 的工作电压下的软错误数接近零(没有统计意义),软错误截面可以忽略不计,说明 DICE3-INV 在 α 粒子辐照下的组合逻辑电路 SET 软错误截面很低,可以忽略不计。这是因为 α 粒子的 LET 极小,其产生的 SET 脉冲宽度也非常小,同时窄脉宽的 SET 脉冲在组合逻辑电路传播中由于受到电学屏蔽效应的影响,脉冲宽度逐渐被压缩,导致 SET 在传播到触发器输入端的时候脉宽非常小,甚至在传播到触发器输入端前已经消失,从而导致 DICE 结构触发器无法有效地锁存这样的脉冲,将其转化为软错误。而且,文献[90]通过组合逻辑电路单粒子效应测试(C-CREST)和仿真表明,组合逻辑电路 SET 引起的软错误随电压的变化不明显,这是因为电压降低虽然可以使 SET 脉冲的宽度增加,但是触发器的建立和保持时间也会相应地增加,两者增加的幅度几乎相互抵消,导致 SET 被触发器捕获的可能性随电压降低变化不明显。

　　综上分析,与 DICE3-INV 一样,DFF-INV2 在 α 粒子辐照下的由组合逻辑电路引起的 SET 软错误截面在不同电压下均可忽略不计。但是前文已经分析过,DFF-INV2 触发器内部 SET 脉冲引起的软错误随频率的增加而增加的趋势比较明显,所以对比表明组合逻辑电路 SET 相比触发器内部 SET 产生软错误的能力弱。通过单粒子效应电路仿真(双指数电流源法[86]),发现 DFF-INV2 的内部 SET 脉冲转化为软错误所需的临界电荷小于组合逻辑电路的 SET 脉冲引起的软错误所需要的临界电荷。因此,观察到的组合逻辑电路 SET 和触发器内部 SET 的截面差异可以归结为 α 粒子引起电路的单粒子电荷收集量介于这两种软错误产生方式所需的临界电荷之间。

　　基于以上分析,不同频率下 DFF-INV2 中触发器 SEU 引起的软错误截面可以通过以下方式得到:先把 DFF-INV2 总软错误截面中触发器内部 SET 脉冲引起的软错误截面减去(利用 DFF 实验结果,同时把 DFF 触发器的 SEU 的时间屏蔽效应也考虑进去(相对影响较小)),再把组合逻辑电路 SET 脉冲引起的软错误截面(利用 DICE3-INV 实验结果)减去,最后得到不同频率下 DFF-INV2 中触发器 SEU 的软错误截面,如图 2.15 所示。可以看出,不同电压下 SEU 软错误截面均随频率增加而线性减小,而且电压越小,这个下降趋势越明显,与现有逻辑电路 SEU 传播模型和仿真计算的结果(图 2.4)总体一致。

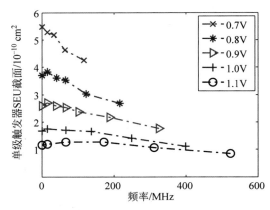

图 2.15　DFF-INV2 的 α 粒子 SEU 引起的软错误截面随频率的变化

1. 现有的逻辑电路 SEU 软错误传播模型验证

　　把图 2.15 的结果分别在各个电压下进行线性拟合(拟合依据式(2-3)),然后把不同频率下的结果归一化到频率为零的点,即可得到不同电压下

TVF 随频率变化的规律,如图 2.16 所示。接着提取不同电压下的 TVF 斜率,与基于现有模型仿真计算的 TVF 斜率(此即 $-T_{\text{mask}}$,通过版图寄生参数提取的后仿真得到的)进行对比,结果见表 2.3。

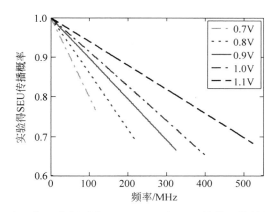

图 2.16　通过拟合和归一化得到的 DFF-INV2 中 SEU 软错误传播概率随频率的变化

© [2020] IEEE. Reprinted, with permission, from reference[103]

表 2.3　在不同工作电压下,实验拟合得到的与基于现有的 SEU 软错误传播模型仿真计算的 TVF 的斜率(DFF-INV2)

工作电压/V	基于现有模型仿真 TVF 斜率/ps	基于实验结果拟合 TVF 斜率/ps	相对误差/%
0.7	−2111	−2316	8.9
0.8	−1216	−1552	21.6
0.9	−823	−1098	25.0
1.0	−624	−900	30.7
1.1	−510	−621	17.9

从表 2.3 可以看出,现有模型的仿真结果与实验拟合结果总体上吻合得较好,最大的相对误差 30.7% 出现在 $V_{\text{dd}}=1.0\text{V}$ 处,而相对误差的平均值是 20.82%。相对误差的来源主要包括从 DFF-INV2 中减去 SET 脉冲引起的软错误截面(通过 DFF 和 DICE3-INV 估计出来)所引起的误差和实验本身的统计涨落或者实验系统误差,也有可能是因为现有模型的准确度不够。下面把实验结果和改进模型的仿真结果进行对比。

2. 改进的逻辑电路 SEU 软错误传播模型验证

参考式(2-5)～式(2-7)可知,为了验证改进 SEU 软错误传播模型,需要确定 DFF-INV2 中从锁存器和主锁存器的软错误截面比值。通过实验(方法如 2.3.1 节中第 2 条所述,参考图 2.10)测得主从锁存器累计的 SEU 软错误数目如图 2.17 所示。从图 2.17 可以看出,在各个电压下(除了 0.7V),主从锁存器的 SEU 数目平均值与触发器 SEU 数目(准静态测试结果)的平均值接近,与式(2-4)相符,体现了这种测试方法的有效性。在 0.7V 电压下,触发器 SEU 截面相比从锁存器和主锁存器的 SEU 截面均更大。这是因为如图 2.10 所示的脉冲时钟信号存在高频成分,用它进行 SEU 截面测量会存在 SEU 的时间屏蔽效应,而由前文分析可知,这种屏蔽效应在低电压下更加明显。所以在 0.7V 低电压下,实验测得的 DFF-INV2 软错误数少于它实际产生的软错误数(对从锁存器 SEU 截面的测量影响相对更大),导致了如图 2.17 所示的结果。进一步地,由图 2.17 得到从锁存器和主锁存器的 SEU 截面在各种电压下的比值,如图 2.18 所示。显然,不同工作电压下这个比值不同,在 $V_{dd}=0.9V$ 时最大,接近 2。由此可知,现有 SEU 软错误传播模型的假设——主从锁存器的 SEU 截面相同,即 $\epsilon=1$,此时无法成立。

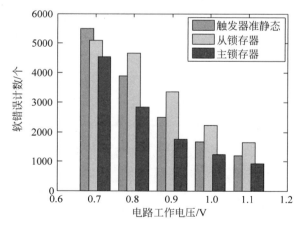

图 2.17　DFF-INV2 在准静态(低频)、从锁存器 SEU 敏感(时钟大部分处于低电平状态)和主锁存器 SEU 敏感(时钟大部分处于高电平状态)三种测试方式下得到的 α 粒子单粒子软错误计数(测试时间均为 6 小时)(前附彩图)

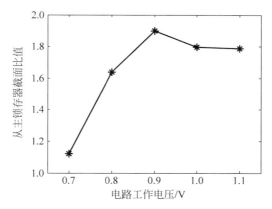

图 2.18　DFF-INV2 中从和主锁存器 α 粒子 SEU 截面的比值随工作电压的变化

© [2020] IEEE. Reprinted, with permission, from reference[103]

在改进的 SEU 软错误传播模型中 TVF 随频率的变化存在转折点频率 F_{clk0}，在这个频率两边 TVF 的斜率不一样。利用式(2-5)～式(2-7)和 DFF-INV2 的后仿真参数，图 2.19 给出了基于改进模型的 TVF 计算结果。图中还标出了不同工作电压下的转折点频率。由于本实验中各个电压下的测试频率均小于 F_{clk0}，即满足 $T_{mask} < T_{clk}/2$ 的时序条件，所以这里只能参考式(2-5)在测试频率范围内比较改进模型仿真计算和实验拟和的 TVF 斜率，具体对比结果见表 2.4。与表 2.3 相比，改进的模型仿真计算的 TVF 与实验拟合的 TVF 的相对误差在各个电压下均有不同幅度的减小，平均值相对误差从 20.82% 降到 4.68%，而最大误差也从 30.7% 降到 11.9%。这说明现有 SEU 软错误传播模型忽略主从锁存器 SEU 截面的差异是表 2.3 相对误差的主要来源，也是改进的 SEU 软错误传播模型相比现有模型更准确的根本原因。

表 2.4　在不同工作电压下，实验拟合得到的与基于改进的 SEU 软错误传播模型仿真计算的 TVF 的斜率(DFF-INV2)

工作电压/V	基于改进模型仿真计算 TVF 斜率/ps	基于实验结果拟合 TVF 斜率/ps	相对误差/%
0.7	−2196	−2316	5.2
0.8	−1490	−1552	4.0
0.9	−1079	−1098	1.7
1.0	−793	−900	11.9
1.1	−625	−621	0.6

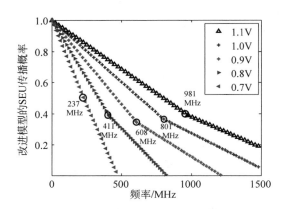

图 2.19　在不同工作电压下，改进模型的 SEU 传播概率随频率的变化（DFF-INV2）

© [2020] IEEE. Reprinted，with permission，from reference[103]

2.4　改进的逻辑电路 SEU 传播模型的应用

2.4.1　触发器 SEU 软错误的加固策略

1. 加固策略的提出

虽然直接对触发器进行 SEU 加固设计可以有效地减小逻辑电路的 SEU 截面，但是由于纳米工艺节点下单粒子电荷共享效应很显著，基于空间冗余的逻辑电路存储单元（常用的如 DICE 结构触发器）的 SEU 加固方法效果不显著。文献[91]指出在 40nm 工艺节点下，相比传统结构触发器，DICE 结构触发器的中子和质子 SEU 截面分别只有 $30\% \sim 50\%$ 的降低。因此，对于纳米集成电路来说，直接对触发器进行 SEU 加固不能有效地降低纳米逻辑电路的单粒子软错误截面，需要寻找其他加固途径或者策略。

基于 $2.1 \sim 2.3$ 节的仿真和实验结果，合理利用 SEU 的时间屏蔽效应以降低逻辑电路 SEU 软错误传播的概率，可以实现逻辑电路软错误截面的降低。文献[92]利用这种效应——通过增加触发器之间的组合逻辑延迟来增强触发器 SEU 的时间屏蔽效应，实现触发器链单粒子软错误截面的降低。但是增加组合逻辑延迟需要引入更多的组合逻辑单元，比如缓冲单元等，这会导致组合逻辑单元的 SET 软错误截面增加。而且如文献[29]所述，当触发器之间的组合逻辑延迟时间接近时钟周期时，时钟树上产生的 SET 对逻辑电路的单粒子软错误贡献开始迅速增加。因此不能简单地通过增加组合逻辑延迟来降低纳米逻辑电路的 SEU 软错误,而是需要综合评估触发器 SEU、时钟树和组合逻辑电路 SET 等多方面因素对逻辑电路软错误的影响或者贡献。

一般来说,SEU 加固的触发器相比于非 SEU 加固的触发器需要消耗更多的电路面积和功耗等,同时工作速度更慢。考虑到触发器的主从锁存器对 SEU 敏感性的区别:从锁存器比主锁存器在时序上优先受到 SEU 的时间屏蔽效应的影响或者保护,本书建议对触发器的主锁存器采用 SEU 加固的设计,而对从锁存器采用传统的非加固设计,例如图 2.20 所示的结构。相比主从锁存器均进行加固(即 SEU 全加固,例如图 2.7 所示 DICE 加固触发器),这种由 SEU 加固与非 SEU 加固设计的锁存器组成的触发器节省了从锁存器的 SEU 加固代价。对于这种非对称设计的触发器,只要触发器之间的组合逻辑延迟和逻辑电路的工作频率满足式(2-7)所需的条件(即工作频率大于转折点频率 $F_{clk0}=1/(2T_{mask})$),那么从锁存器产生的 SEU 就可以完全被时间屏蔽。对于工作频率越来越高的现代集成电路,逻辑电路工作的频率不小于 F_{clk0} 的条件一般可以得到满足。因此,相比于完全加固的触发器,这种半加固的触发器的 SEU 加固代价(电路面积和功耗)可以减小 50%,但加固效果相同。

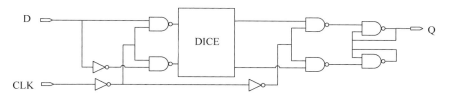

图 2.20　由 SEU 加固的主锁存器和非 SEU 加固的从锁存器构成的触发器

2. 加固策略的优化

式(2-2)给出了触发器间信号正常传递需要满足的时序条件:时钟频率 $F_{clk}<1/T_{mask}$。逻辑电路的正常工作要求每一级触发器信号传递都能够满足这个时序条件,所以在逻辑电路正常工作的条件下最高允许的时钟频率有"木桶效应",即取决于电路中触发器间正常信号传递允许的最低时钟频率:

$$\left\{\frac{1}{T_{mask1}},\frac{1}{T_{mask2}},\cdots,\frac{1}{T_{maski}}\right\}_{min}$$

其中,i 表示逻辑电路中放置于触发器间的组合逻辑单元的总数。而为了使逻辑电路中每一级触发器的从锁存器 SEU 被时间屏蔽,逻辑电路的工作频率需要大于每一级触发器对应的转折点频率 $F_{clk0}=1/(2T_{mask})$,即

$$\left\{\frac{1}{2T_{mask1}},\frac{1}{2T_{mask2}},\cdots,\frac{1}{2T_{maski}}\right\}_{max}$$

在如图 2.21 所示的逻辑电路中,$i=3$,$T_{mask1}=T_{clk\_q}+T_{logic12}+T_{setup}$。其中,$T_{clk\_q}$ 和 T_{setup} 分别表示触发器在有效时钟产生跳变后输出信号的延迟时间和信号建立时间,而 T_{mask2} 和 T_{mask3} 的计算公式与 T_{mask1} 的计算公式类似。由于 $T_{logic34}>T_{logic12}>T_{logic23}$,因此图 2.21 的逻辑电路最高允许工作频率 $T_{clk,max}=1/T_{mask34}$,而满足逻辑电路所有从锁存器 SEU 完全被屏蔽所需的最低转折点频率 $F_{clk0,min}=1/(2T_{mask23})$。因此,如果 $F_{clk,max}>F_{clk0,min}$,则在 $(F_{clk0,min},F_{clk,max})$ 区间范围内,能够找到合适的工作频率,在该频率下触发器从锁存器的 SEU 可以被完全时间屏蔽,保证图 2.20 所示的非对称加固方法有效。

如果 $F_{clk,max}>F_{clk0,min}$,则需要对图 2.21 的逻辑电路组合逻辑单元的布局进行适当的调整或者重新设计,在保证电路功能一样的前提下,减少组合逻辑单元的延迟时间差异,得到如图 2.22 所示的优化设计结果。由于此时 $T_{logic34}\approx T_{logic12}\approx T_{logic23}$,那么 $F_{clk,max}>F_{clk0,min}$ 的条件必然满足,从而保证图 2.20 所示的非对称加固方法有效。

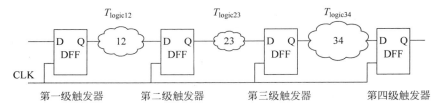

图 2.21　原始设计的逻辑电路

四级触发器链,触发器间的组合逻辑单元延迟时间差异较大($T_{logic34}>T_{logic12}>T_{logic23}$)

© [2020] IEEE. Reprinted, with permission, from reference[103]

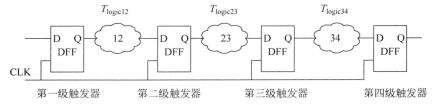

图 2.22　对图 2.21 所示逻辑电路进行优化设计后的逻辑电路

四级触发器链,触发器间的组合逻辑单元延迟时间差异较小($T_{logic34}\approx T_{logic12}\approx T_{logic23}$)

© [2020] IEEE. Reprinted, with permission, from reference[103]

2.4.2　逻辑电路 SEE 软错误动态截面评估

实际逻辑电路的单粒子效应既包括组合逻辑电路、时钟树和复位端产生的 SET,也包括时序存储单元产生的 SEU,且两种软错误(SEU 和 SET)对总软错误的贡献是独立叠加的。时钟树和复位端 SET 转化为软错误的可能性与逻辑电路具体的输入信号或者测试向量紧密相关。因此为了测试时钟树和复位端的 SET 软错误截面,逻辑电路单粒子效应实验可以通过改变测试向量来区分这两个软错误来源。例如文献[93]中用全 0(不对复位信号的 SET 敏感)和全 1(对复位信号的 SET 敏感)的输入向量产生的单粒子软错误差异测量复位电路的 SET 软错误截面;用输入全 1 或全 0(均对时钟信号的 SET 不敏感)与输入为 1010(对时钟信号的 SET 敏感)产生的软错误差异测量时钟树的 SET 软错误截面。

不同于时钟树和复位端这两种特殊的 SET 软错误产生方式,组合逻辑单元和时序存储单元(如触发器)产生的软错误无法通过电路测试向量差异区分,而且由于 SET 的时间窗口效应和 SEU 的时间屏蔽效应,它们的软错误截面均随频率变化:SET 软错误截面随频率增加线性增加,而 SEU 软错误截面随频率的增加线性减小或者存在一个转折点。因此,在区分出时钟树和复位端的 SET 软错误后,逻辑电路的总软错误随频率升高有可能增加(SET 产生的软错误起主导作用)也有可能减小(SEU 产生的软错误起主导作用)。文献[34]讨论了工作电压和重离子 LET 对触发器链产生单粒子软错误随频率变化的影响。发现低电压下和低 LET 的重离子产生的单粒子软错误截面随频率升高而减小,而高电压下和高 LET 重离子产生的软错误则倾向于随频率升高而增加。文献[37]由于忽略了 SEU 的时间屏蔽效应而只考虑了 SET 的时间窗口效应,对包含组合逻辑单元的触发器链的实验结果做出了错误的分析和讨论。

本书在同时考虑 SET 时间窗口效应和 SEU 时间屏蔽效应的基础上,以触发器链逻辑电路为研究载体,提出定量评估逻辑电路在不同频率下 SET 和 SEU 软错误的动态截面的方法。通过 2.2.3 节的讨论可知,SEU 造成的软错误随频率的变化关系可以通过式(2-5)~式(2-7)来判断和预测。式中的各项大部分是电路的电学参数,如 T_{clk_q},T_{logic} 和 T_{setup},均可以通过版图寄生参数提取的后仿真得到(在不同的工作电压和工作温度下)。唯一比较难确定的是 ϵ,它既与触发器的原理图和版图设计、工作条件(温度、电压等)有关,也与电路所处的辐射环境相关(入射粒子的 LET 等)。但是，ϵ 是一个静态量，即与电路的工作频率无关，可以通过单粒子效应混合模式仿真[94]得到一个近似值，而且如果实验时间允许，可以按照如图 2.10 所示的测量模式在实验上确定。具体的方法如图 2.23 所示。首先，从实验上得到逻辑电路在不同频率下总的软错误截面，并得到静态（通过实验数据线性外推得到）或者准静态的软错误截面，即触发器 SEU 截面；其次，根据改进的 SEU 传播模型计算得到的不同频率下 SEU 截面的相对变化量，把触发器 SEU 截面推算到不同频率下 SEU 软错误动态截面；最后，在不同频率下用总软错误截面减去 SEU 软错误动态截面得到 SET 软错误动态截面。利用这种方法分别对 DFF-INV2 的 α 单粒子效应实验结果和重离子实验结果进行 SEU 和 SET 软错误动态截面的定量评估。

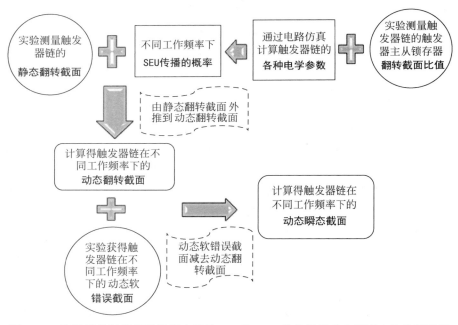

图 2.23   定量评估触发器链逻辑电路的 **SET** 和 **SEU** 软错误的动态截面方法的流程图

1. DFF-INV2 的 α 单粒子效应实验结果评估

先以 $0.9\mathrm{V}$ 电压下的 α 单粒子效应实验结果为例，对 DFF-INV2 的 SEU 和 SET 软错误动态截面进行定量评估。首先需要判断触发器的主从锁存器的 SEU 截面是否相同，即其比值是否为 1。如果 $\epsilon = 1$，则可以利用简化的式(2-3)来计算不同频率下的 SEU 软错误动态截面；如果 ϵ 不为 1，则需要利用改进模型，即式(2-5)～式(2-7)进行相关的计算。单粒子效应实验测得在 $V_{dd}=0.9V$ 下，$\epsilon=1.9$。而且通过后仿真得到 $T_{mask}=823ps$，从而确定转折点频率：

$$F_{clk0}=\frac{1}{2T_{mask}}=608MHz$$

由于实验中 DFF-INV2 的最高工作频率为 325MHz（芯片内部环形振荡器产生的），小于转折点频率，所以虽然 $\epsilon=1.9$，但是 DFF-INV2 的 SEU 软错误截面随频率变化还是线性的，并没有出现转折点（如图 2.15 所示）。图 2.24 的蓝色虚线给出了实验数据（DFF-INV2 的总软错误截面）的直线拟合结果，它在 $F_{clk}=0$ 的值即为估计的软错误静态截面；根据改进的 SEU 软错误传播模型得到 TVF，计算得不同频率下的 SEU 软错误动态截面，如图 2.24 黑色虚线所示（包含两段，F_{clk} 从 $0\sim F_{clk0}$ 和 $F_{clk0}\sim 1GHz$）；在频率小于 F_{clk0} 的部分，把总软错误截面的直线拟合结果与 SEU 软错误动态截面相减，并线性延拓到更高频率下，即得到红色虚线所示的 SET 软错误动态截面。图 2.24 还给出了 SEU 和 SET 软错误动态截面的交叉点，其对应的频率为临界频率 $F_{clk\text{-}cross}$。当高于这个频率后，在 0.9V 工作电压下，DFF-INV2 中由 SET 引起的软错误将超过 SEU 引起的软错误。这样的临

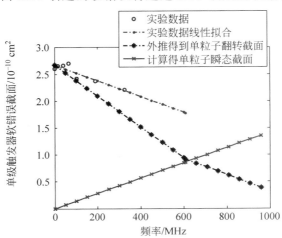

图 2.24 定量评估在 0.7V 电压下 DFF-INV2 的 α 粒子 SEU 和 SET（组合逻辑电路）引起的软错误截面随频率的变化（前附彩图）

© [2020] IEEE. Reprinted，with permission，from reference[103]

界频率估计值大于文献[86]的预测结果,因为该文献没有考虑触发器 SEU 的时间屏蔽效应从而假设 SEU 引起的软错误不随频率变化。

重复以上步骤即得到 DFF-INV2 在不同电压下的 SET(包括组合逻辑单元以及触发器内部等效的组合逻辑电路)软错误动态截面,结果如图 2.25 所示。从 $V_{dd}=1.1V$ 到 $V_{dd}=0.8V$,软错误截面的斜率逐渐增加,这与文献[90]的预测趋势一样,即 SET 引起的软错误随电路工作电压的降低逐渐增加。但是从 $V_{dd}=0.8V$ 到 $V_{dd}=0.7V$,斜率则突然减小。推测产生该现象的原因是当工作电压从 $V_{dd}=0.8V$ 降到 $V_{dd}=0.7V$ 时,器件接近亚阈值的区域,导致触发器的建立和保持时间大幅增加,超过 SET 脉宽因电压降低而增加的幅度,从而降低 SET 被触发器捕获的概率,降低 SET 软错误动态截面。

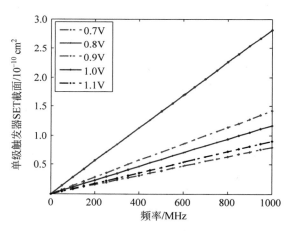

图 2.25   在不同工作电压下,DFF-INV2 的 α 粒子 SET 软错误截面随频率的变化(前附彩图)

2. DFF-INV2 的重离子单粒子效应实验结果评估

前文的评估都是基于 α 粒子单粒子效应实验结果。由于这种评估方法本身不受辐射环境的限制,所以后文用这种方法评估 DFF-INV2 的重离子实验结果。重离子实验是在劳伦斯伯克利国家实验室的 88 号回旋加速器上完成的,实验现场照片如图 2.26 所示。所用重离子的能量是 10MeV/核子,表 2.5 给出了重离子的其他信息。

(a) 重离子束出口和
固定好的实验辐照板照片　　　(b) 芯片信号导线从真空
腔引出到FPGA测试板的照片

图 2.26　重离子实验平台

表 2.5　重离子实验所选用重离子的信息

重离子种类	LET/(MeV·cm²/mg)（硅材料中）	硅中的穿透距离/μm
氧(O)	2.19	226.4
硅(Si)	6.09	141.7
钒(V)	14.59	113.4
氪(Kr)	30.86	109.9

　　首先,判断 ϵ 的大小。通过氧离子单粒子效应实验发现,对于 DFF-INV2 来说,在 $V_{dd}=0.7$V 时 $\epsilon=1.06$,而在 $V_{dd}=1.1$V 时 $\epsilon=0.97$,两者均非常接近 1,其他重离子也有类似的结果,说明触发器的主从锁存器在重离子辐照下的 SEU 截面差别不大。推测这是因为触发器的主从锁存器 SEU 的临界 LET 均较小,接近 α 粒子的 LET(峰值是 1.45MeV·cm²/mg)比氧离子的 LET(2.19MeV·cm²/mg)小很多,导致主从锁存器的 SEU 敏感性在 α 粒子辐照下差异较多而在氧离子辐照下差异很小。所以,可以用式(2-3)来计算 DFF-IVN2 的 TVF,估计不同频率下 SEU 引起的软错误。图 2.27 给出了氧离子在不同电压下的实验结果,以及通过模型定量估计的 SEU 和 SET 引起的软错误截面随频率的变化。由图可知,SEU 引起的软错误随频率的升高而减小,而且减小的速率随电压的降低而增加;SET 引起的软错

误随频率的升高而增加,而且增加的速率随电压的降低而增加,这与文献 [90,95]的结果吻合。同时,图 2.27 还给出了不同电压下 SET 软错误截面 超过 SEU 软错误截面的临界频率 $F_{clk\text{-}cross}$,可以发现工作电压越低,临界频 率越小。这说明当工作电压降低时,DFF-INV2 中 SET 软错误截面超过 SEU 软错误截面更加容易。

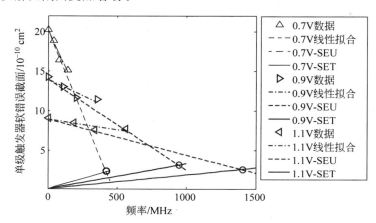

图 2.27 氧重离子单粒子效应实验测得的不同电压下 DFF-INV2 中 SEU 和 SET 引起 的软错误截面随频率的变化和相应的临界频率(前附彩图)

图 2.28 给出了在 $V_{dd}=0.7\text{V}$ 下不同重离子的 DFF-INV2 总软错误截 面及 SEU 和 SET 软错误截面。从图中可以看出,随重离子 LET 的增加, DFF-INV2 的 SEU 软错误静态截面显著增加,但是在高频下,SEU 软错误 截面增加的量有所减小,而且频率越高增加的量越小。这是因为 SEU 的时 间屏蔽效应导致不同 LET 重离子引起的 SEU 软错误截面在高频下趋向一 致(在接近最高频率点处,SEU 软错误截面趋于零)。同时,由图 2.28 可 知,SET 导致的软错误截面是随频率升高而增加的,而且 LET 越高增加的 速率越快,趋势与文献[96]报道的结果吻合,这在一定程度上证明了评估方 法的正确性。图 2.28 还表明,随 LET 增加,$F_{clk\text{-}cross}$ 不断减小,说明离子 LET 越高,DFF-INV2 中 SET 软错误截面超过 SEU 软错误截面越容易。

根据图 2.28,图 2.29 给出了 DFF-INV2 在 0.7V 工作电压下的 SEU 软错误静态截面和高频下 SET 软错误截面随重离子 LET 的变化趋势。从 图 2.29 可以看出,SET 引起的软错误截面随重离子 LET 的增加不断增 加,而 SEU 引起的软错误截面则随 LET 增加缓慢增加且趋于饱和,这说明

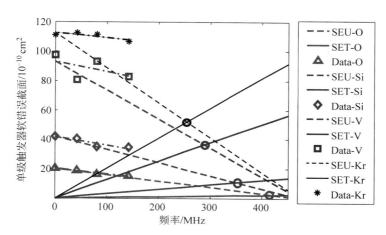

图 2.28　在 $V_{dd}=0.7\text{V}$ 下，不同重离子测得的 **DFF-INV2** 中 **SEU** 和 **SET** 引起的软错误截面随频率的变化和相应的临界频率（前附彩图）

SET 软错误截面对于 LET 值的变化更加敏感。这是由于 DFF-INV2 中 SEU 软错误截面仅仅由其触发器的 SEU 敏感面积决定，而 DFF-INV2 中 SET 软错误截面还与组合逻辑电路产生的 SET 脉冲宽度有关（影响 SET 被触发器捕获的概率）——脉宽越大，捕获概率越高。因此 SET 脉宽随 LET 的增加使 DFF-INV2 中 SET 软错误截面增加的速率比 SEU 软错误截面增加的速率更快，而且不存在饱和区域[96]。

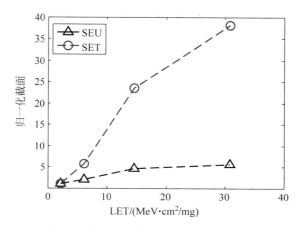

图 2.29　**SEU** 和 **SET** 引起的软错误随重离子 **LET**（硅中）的相对变化

2.5　单粒子软错误传播规律的影响因素

如前文所述,在不考虑时钟树和复位端的 SET 时,逻辑电路的软错误主要来自组合逻辑电路 SET 引起的软错误和时序存储单元 SEU 引起的软错误,两者相互叠加,且均具有频率相关性。下面以触发器链为逻辑电路的代表讨论这两种软错误截面随频率的变化趋势及若干影响因素。基于 Mahatme 等人[34]提出的公式,式(2-8)给出了以频率为变量的触发器链逻辑电路总的软错误截面计算公式:

$$\sigma(F_{clk}) = K_{FF}(1 - T_{mask}F_{clk}) + K_{logic}(T_{SET} - T_{sh})F_{clk} \qquad (2\text{-}8)$$

其中,K_{FF} 和 K_{logic} 分别是时序存储单元触发器的 SEU 敏感面积和组合逻辑路的 SET 敏感面积,它们与电路设计结构、电路工作电压和入射粒子的 LET 等相关,与电路的工作频率无关,是一个静态量。T_{mask} 触发器 SEU 不敏感时间窗口,T_{SET} 和 T_{sh} 则分别是组合逻辑电路 SET 的平均脉冲宽度和触发器的保持建立时间之和。式(2-8)是基于现有 SEU 软错误传播模型或者不考虑触发器主从锁存器的 SEU 软错误截面差异,而当触发器的主从锁存器 SEU 截面存在差异时,式(2-8)需要进行修正,得到式(2-9):

$$\sigma(F_{clk}) = K_{FF}TVF + K_{logic}(T_{SET} - T_{sh})F_{clk} \qquad (2\text{-}9)$$

其中,TVF 是触发器 SEU 时间敏感因子,它的值由式(2-5)～式(2-7)确定。当主从锁存器的 SEU 敏感性截面比值为 1 时,式(2-9)就变成式(2-8)。

一般来说,主从锁存器的 SEU 敏感性截面比值是相对恒定的,而且大部分的触发器的主从锁存器结构一样,负载可能存在一些差异,所以它们的 SEU 敏感性比值应该恒接近 1(例如 2.4.2 节第 2 条中重离子的实验结果)。因此,在不失一般性的情况下,式(2-8)可作为特例进行分析,用以讨论各种因素对逻辑电路单粒子软错误随频率变化趋势的影响。

把式(2-8)通过示意图形式表达出来,如图 2.30 所示。其中,蓝色长虚线是三种 SET 软错误截面随频率线性增加速率大小不同的示意图;红短虚线表示随频率增加线性减小的 SEU 软错误截面;红色实线代表三种总单粒子软错误截面随频率变化的示意图。根据 SEU 和 SET 软错误截面占总软错误截面比重的大小不同出现三种总软错误截面随频率变化的趋势:①SEU 软错误在总软错误中占的比重较大,总软错误截面随频率增加逐渐下降;②SEU 软错误和 SET 软错误在总软错误中占的比重相当,总软错误截面随频率变化很小或者保持不变;③SEU 软错误在总软错误中占的比

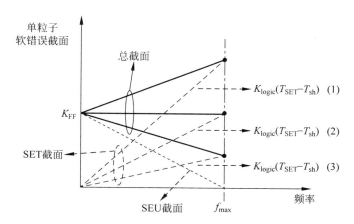

图 2.30　触发器链逻辑电路软错误截面随频率变化的原理图（前附彩图）

（1），（2）和（3）分别表示 SEU 引起的软错误截面在总的软错误截面中占的比重很小、中等和很大

© ［2020］ IEEE. Reprinted，with permission，from reference［103］

重较小，总软错误截面随频率增加逐渐增加。

　　为了进一步讨论上述三种总软错误截面随频率的变化关系，把式（2-9）中不同频率下的总软错误动态截面归一化到总软错误静态截面，即 K_{FF}，从而得到式（2-10）：

$$\gamma = \frac{\sigma(F_{clk})}{\sigma(F_{clk}=0)} = 1 - \left[T_{mask} - \frac{K_{logic}(T_{SET} - T_{sh})}{K_{FF}} \right] F_{clk} \qquad (2\text{-}10)$$

　　从式（2-10）可以看出，为了使总软错误截面随频率减小，γ 必须小于 1。通过增加 T_{sh}，T_{mask} 和 K_{FF} 或者减小 K_{logic} 和 T_{SET} 均可以减小 γ。假设触发器电学性能不变，那么它的触发器保持、建立时间、信号输出延迟时间均不变，则可以通过增加触发器间组合逻辑延迟时间 T_{SET}、减小 K_{logic}/K_{FF} 和减小 T_{SET} 实现 η 的减小。为了研究这几个因素影响触发器链总软错误随频率变化的规律，下面结合实验结果分别探讨组合逻辑延迟时间、入射粒子的 LET 和触发器抗 SEU 性能对触发器链总软错误截面的影响。

2.5.1　电路设计

　　为了获得不同组合逻辑延迟时间的触发器链，这里选用不同类型的组合逻辑单元和相同类型的触发器，具体电路信息见表 2.6。在 0.7V 工作电压下，仿真得到的组合逻辑延迟时间也在表中给出。已有研究表明，对于 α 粒子等低 LET 入射粒子来说，组合逻辑电路引起的 SET 软错误占总软错误的比重很小,几乎可以忽略不计。因此选用不同类型的组合逻辑单元获得不同组合逻辑延迟时间来研究组合逻辑延迟时间对逻辑电路总软错误的影响是合理的。为了研究触发器抗 SEU 的性能对逻辑电路总软错误的影响,这里采用 DFF-INV 和 DICE-INV 为研究载体。它们具有相同的组合逻辑单元和不同抗 SEU 性能的触发器。同时,利用不同类型的重离子(参考 2.4.2 节第 2 条)、α 粒子(参考 2.3.1 节第 2 条)来获得不同 LET 的入射粒子,用于研究入射粒子 LET 对逻辑电路总软错误随频率变化的影响。

表 2.6　用于研究逻辑电路总软错误随频率变化的不同类型触发器链

触发器链名称	触发器间组合逻辑单元	组合逻辑延迟时间/ps（0.7V 下的后仿真结果）	触发器设计
DFF-00	无	0	NAND 结构（非 SEU 加固）
DFF-SUM	2bit 加法器	1226	
DFF-NAND	NAND 门链	1844	
DFF-INV	反相器链	2090	
DFF-NOR	NOR 门链	2655	
DICE-INV	反相器链	2090	DICE 结构（SEU 加固）

2.5.2　组合逻辑延迟时间的影响

DFF-00,DFF-SUM 和 DFF-NOR 在 0.7V 工作电压下的组合逻辑延迟时间见表 2.6。在不同工作电压下,三种触发器链的 α 粒子总单粒子软错误截面随频率变化如图 2.31 所示。图 2.31(a)为 DFF-00 的总软错误截面随频率的变化。由于 DFF-00 中触发器间的组合逻辑延迟时间为 0,它受到 SEU 时间屏蔽效应最弱(触发器建立时间和信号输出延迟时间会起到一定的 SEU 时间屏蔽作用,具体参考式(2-3)),可以忽略不计。而观测到的各个工作电压下 DFF-00 软错误截面随频率升高而增加是因为触发器内部 SET 软错误的时间窗口效应。图 2.31(b)为 DFF-SUM 的实验结果。由于 DFF-SUM 中触发器间的组合逻辑延迟时间中等(在 0.7V 下为 1226ps),它的触发器 SEU 软错误和内部 SET 软错误分别受到 SEU 时间屏蔽效应和 SET 时间窗口效应的影响。在较高电压下,组合逻辑延迟时间较小,SEU 时间屏蔽效应较弱而触发器内部 SET 的时间窗口效应影响更大,导致总的软错误截面随频率增加;在中等电压下,组合逻辑延迟时间增大导致 SEU

的时间屏蔽效应增强,与 SET 的时间窗口效应影响相当,导致总的软错误截面随频率变化很小。在较低的工作电压下,SEU 的时间屏蔽效应影响进一步增强,超过 SET 的时间窗口效应的影响,导致总的软错误截面随频率逐渐减小;图 2.31(c)给出了 DFF-NOR 的实验结果。由于 DFF-NOR 中触发器间的组合逻辑延迟时间(0.7V 下为 2655ps)最大,它在各个工作电压下受到 SEU 的时间屏蔽效应影响均比 SET 的时间窗口效应影响更大,使 DFF-NOR 总的软错误截面随频率增加不断下降。

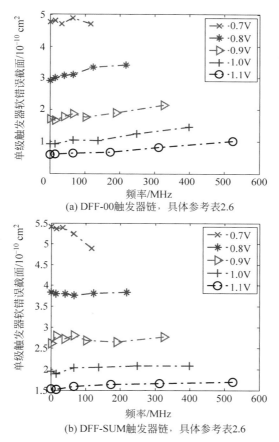

(a) DFF-00触发器链,具体参考表2.6

(b) DFF-SUM触发器链,具体参考表2.6

图 2.31　在不同工作电压下,组合逻辑单元不同而触发器相同的触发器链的 α 粒子总软错误随频率的变化

© [2020] IEEE. Reprinted, with permission, from reference[102]

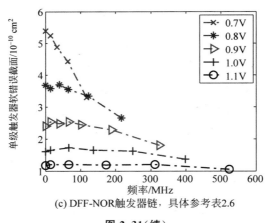

(c) DFF-NOR触发器链，具体参考表2.6

图 2.31（续）

在 0.7V 工作电压下，表 2.6 中各非 SEU 加固触发器链的总软错误截面随频率的变化如图 2.32 所示。由图可知，随组合逻辑延迟时间的增加，整体而言，触发器链的软错误截面随频率增加而下降的速率变快，与式(2-10)预测的趋势吻合。其中，DFF-00 的 SEU 软错误静态截面比其他触发器链的 SEU 软错误静态截面大，这是由于 DFF-00 中每一级触发器的两个输出端均有负载，而其他触发器链的触发器输出端只有一个端有负载，另一端悬空（如图 2.5 所示）[97-98]，导致 DFF-00 中触发器 SEU 截面相对更小[99]。

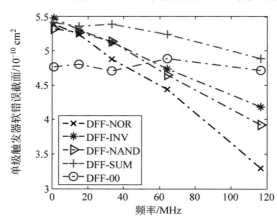

图 2.32   在 0.7V 工作电压下，触发器设计相同而组合逻辑单元设计
不同的触发器链 α 粒子总软错误截面随频率的变化

2.5.3　入射粒子 LET 的影响

图 2.33 给出了 0.7V 工作电压下不同 LET 的 DFF-INV 单粒子总软错误截面随频率的变化,可以看出,入射粒子 LET 增加使逻辑电路总的单粒子软错误截面增大。由于不同 LET 导致的总软错误截面差距很大,从图 2.33 无法观测到 LET 对逻辑电路总软错误随频率变化趋势的影响。通过把不同频率下的软错误截面归一化到静态截面,得到如图 2.34 所示的结果。可以看出,随着入射粒子的 LET 增加,DFF-INV 的软错误截面随频率升高而减少的速率不断减小。参考式(2-10)可知,这是由于 LET 增加导致组合逻辑电路 SET 脉冲宽度增加,逻辑电路中 SET 的时间窗口效应相比于 SEU 的时间屏蔽效应增强,从而使逻辑电路总的软错误随频率的升高趋于增加。

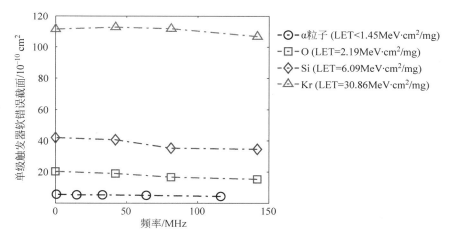

图 2.33　在 0.7V 工作电压下,不同 LET 值的 DFF-INV 总软错误截面随频率的变化

© [2020] IEEE. Reprinted, with permission, from reference[102]

2.5.4　触发器抗 SEU 性能的影响

实验测得 DICE-INV 和 DFF-INV 的 α 粒子 SEU 软错误静态截面的比值如图 2.35 所示,表明相比于 DFF 这类 NAND 结构非加固触发器,DICE 结构加固触发器的 SEU 截面在工作电压 1.0V 和 1.1V 下非常小,几乎可以忽略不计;而当电路工作电压减小时,DICE 触发器的 SEU 截面开始迅速增加,在 0.7V 下达到 DFF 触发器 SEU 截面 10% 以上。

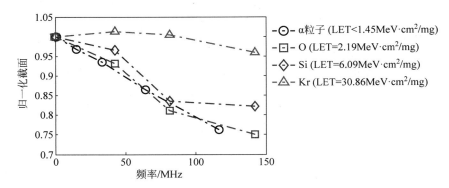

图 2.34   在不同 LET（硅材料中）下，DFF-INV 总软错误截面
（归一化到静态截面）随频率的相对变化

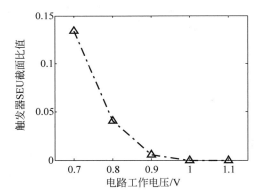

图 2.35   DICE-INV 中 DICE 触发器与 DFF-INV 中 DFF 触发器的 α 粒子
SEU 截面比值随工作电压的变化

　　DFF-INV 和 DICE-INV 具有相同的组合逻辑单元设计，它们在 0.7V 工作电压下的组合逻辑延迟时间见表 2.6。DFF-INV 在不同工作电压下的总软错误截面随频率增加而减小，如图 2.36 所示，趋势与 DFF-NOR 的（图 2.31（c））类似。但是不同于 DFF-INV，DICE-INV 在较高工作电压下（1.1～0.8V）的软错误截面随频率增加而增加，只有当工作电压降到 0.7V 时，总的软错误截面才随频率增加而减小。在较高工作电压下，相比于 DFF-INV 这类非 SEU 加固的逻辑电路，DICE-INV 这类 SEU 加固的逻辑电路的总软错误截面随频率的增加而增加,这是因为此时 SET 的时间窗口效应起主导作用;而在极低的工作电压下,加固触发器的 SEU 敏感性增强,总软错误截面随频率而减小是由于 SEU 时间屏蔽效应的影响占主导作用,与式(2-10)预测的趋势吻合。

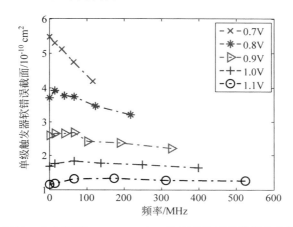

图 2.36　在不同工作电压下,DFF-INV 中 α 粒子单粒子软错误截面随频率的变化

© [2020] IEEE. Reprinted, with permission, from reference[102]

由式(2-8)可知,逻辑电路总软错误随频率增加线性变化,因此通过线性外推的方法可以预测更高频率下的逻辑电路单粒子软错误截面。图 2.38 给出了 DFF-INV 和 DICE-INV 触发器链在 0.7V 和 0.8V 工作电压下单粒子软错误截面在更高频率下的线性外推结果。图中还分别标出了 DFF-INV 和 DICE-INV 的单粒子软错误截面在 0.7V 和 0.8V 工作电压下的交叉点频率。因此,在高频工作条件下,降低工作电压可以使 DFF-INV 和 DICE-INV 的总软错误截面减小。同时还发现,DICE-INV 的交叉点频率比 DFF-INV 的高,说明降低工作电压使得逻辑电路总软错误降低对非 SEU 加固的逻辑电路来说更容易实现——在电路工作频率较低时即可实现。

2.5.5　逻辑电路单粒子软错误截面的预测

下面以 DFF-INV 和 DICE-INV 两个符号分别作为 SEU 加固和非 SEU 加固的触发器链逻辑电路代表,讨论改变工作电压、组合逻辑延迟时间对逻辑电路总软错误随频率变化趋势的影响,并给出加固设计的建议。

结合图 2.36 和图 2.37 可知,在较高的工作电压下,DICE-INV 软错误

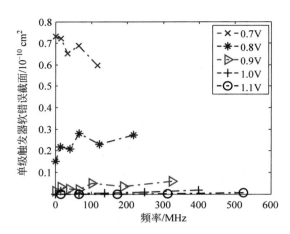

图 2.37　在不同电压下，DICE-INV 中 α 粒子单粒子软错误随频率的变化

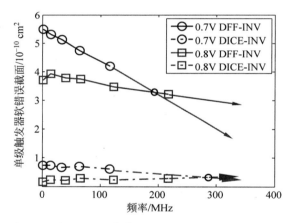

图 2.38　在 0.7V 和 0.8V 工作电压下，DICE-INV 与 DFF-INV 中 α 粒子单粒子软错误截面随频率的变化

截面随频率升高逐渐增加而 DFF-INV 软错误截面随频率的升高逐渐减小。这里假设 DICE 和 DFF 的保持、建立时间和信号输入输出延迟时间近似相等（对于一般逻辑电路来说，这些延迟时间相比于组合逻辑延迟时间小）。又由于 DICE-INV 和 DFF-INV 有相同的组合逻辑单元设计，因此它们的最高允许工作频率 H. V. $f_{\max}$（由 $1/T_{\mathrm{mask}}$ 确定）相同，组合逻辑电路的

SET 软错误截面也相同。参考图 2.30 可得,在较高工作电压下,DICE-INV 和 DFF-INV 的软错误截面随频率变化的示意图如图 2.39 所示,在最高允许工作频率点处,DICE-INV 和 DFF-INV 软错误截面一样,因为此时它们的 SEU 软错误完全被时间屏蔽了,总软错误截面只来源于 SET 软错误。

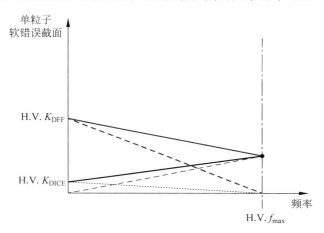

图 2.39　SEU 加固(DICE-INV)和非 SEU 加固(DFF-INV)触发器链单粒子软错误随频率变化的示意图(前附彩图)

黑色虚线代表组合逻辑电路 SET 软错误,红色虚线、蓝色虚线分别代表 DFF 和 DICE 的 SEU 软错误(频率为零时分别是 H. V. K_{DFF} 和 H. V. K_{DICE}),红色实线、蓝色实线分别代表 DFF 和 DICE 总的软错误

©[2020] IEEE. Reprinted,with permission,from reference[102]

1. 降低工作电压的影响

当 DFF-INV 和 DICE-INV 的工作电压同步降低时,其总体软错误随频率的变化如图 2.40 所示。工作电压降低带来的两个直接变化是触发器 SEU 截面的增加和触发器链最高允许工作频率的下降(因为 T_{mask} 随工作电压降低而增加)。根据不同的组合逻辑延迟、入射粒子 LET 和触发器设计,降低工作电压带来 DFF-INV 和 DICE-INV 软错误截面随频率的变化可以分为三种情况进行讨论,如图 2.40 所示。图 2.40(a)表示在较高工作频率下,降低工作电压使 DFF-INV 和 DICE-INV 的总软错误截面降低,出现了交叉点频率,类似图 2.38。同时发现在一定的频率范围内($f_V \sim$ L. V. f_{max}),在较低工作电压下的 DFF-INV 软错误截面比较高工作电压下的 DICE-INV 软错误截面还小,所以相比于 DICE-INV,此时 DFF-INV 不仅

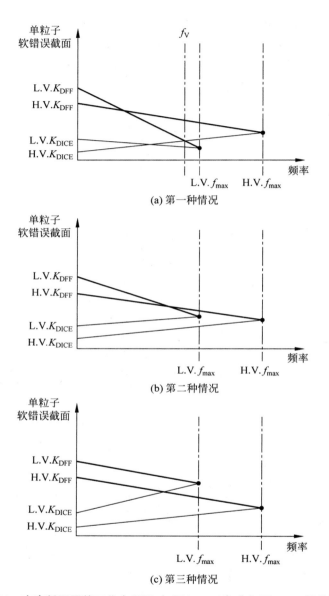

图 2.40　在高低不同的工作电压下，加固（DICE）和非加固（DFF）触发器链
单粒子软错误随频率变化的三种可能情况的示意图

H. V. K_{DFF}，H. V. K_{DICE}，L. V. K_{DFF} 和 L. V. K_{DICE} 分别表示高低电压 DFF 和 DICE 的 SEU
截面，L. V. f_{max} 和 H. V. f_{max} 分别表示高低电压的最高允许工作频率功耗小(工作电压更低)、电路面积小(用 DFF 代替 DICE 可以减少电路面积消耗),而且减少了逻辑电路总软错误截面。从图 2.40(b)可以看出,降低工作电压使 DFF-INV 软错误截面出现了交叉点频率而 DICE-INV 不出现交叉点频率。这表明此时工作电压的降低可以使 DFF-INV 这种非 SEU加固逻辑电路的软错误截面下降,而 DICE-INV 这种加固逻辑电路的软错误截面在任何频率下均增加。从图 2.40(c)可以看出,降低工作电压使 DFF-INV 和 DICE-INV 均不出现交叉点频率。这表明此时工作电压的降低使 DFF-INV 和 DICE-INV 的软错误截面在任何频率下均增加。

综上可知,对于逻辑电路而言,通过适当降低电路的工作电压和选择合适的工作频率,可以使逻辑电路的软错误随频率的变化出现图 2.40(a)的情况,从而实现电路功耗、面积和总软错误截面的同时降低。

Cherupalli 等人[100]发现,一般的处理器在执行某个任务时,逻辑电路中存在一定的动态时间冗余(dynamic timing slack,DTS),这个冗余量不仅和处理器的电路设计结构有关,还和电路工作电压及执行的具体任务有关。因此参考图 2.38 和图 2.40(a)可知,通过提高处理器的工作频率(保持工作电压不变)或者降低工作电压(保持频率不变或者两者同时变化)来减少电路的动态冗余时间,既能提高电路的工作性能或者降低电路的功耗(或者两者同时实现),也能提高处理器的抗单粒子效应能力。

2. 增加组合逻辑延迟时间的影响

通过同步增加 DICE-INV 和 DFF-INV 触发器间的组合逻辑延迟时间,例如增加触发器间的缓冲器级数[101],它们的总软错误随频率的变化趋势如图 2.41 所示。组合逻辑延迟时间的增加导致 DICE-INV 和 DFF-INV的最高允许工作频率下降,但是它们的触发器 SEU 截面保持不变。取决于入射粒子 LET、组合逻辑单元设计等,增加组合逻辑延迟时间引起的变化主要也可以分为三种,如图 2.41 所示。其中,图 2.41(a)表示增加组合逻辑延迟时间引起 DICE-INV 和 DFF-INV 的总软错误截面在任何允许工作频率下均下降。而且,在一定的频率范围内($f_L \sim M.\ f_{max}$)DFF-INV(增加组合逻辑延迟时间后)的软错误截面小于 DICE-INV(未增加组合逻辑延迟时间)。图 2.41(b)表示增加组合逻辑延迟时间只能让 DFF-INV 的总软错误截面下降,而 DICE-INV 的总软错误截面却增加。图 2.41(c)表示增加组合逻辑延迟时间让 DFF-INV 和 DICE-INV 的总软错误截面均增加。

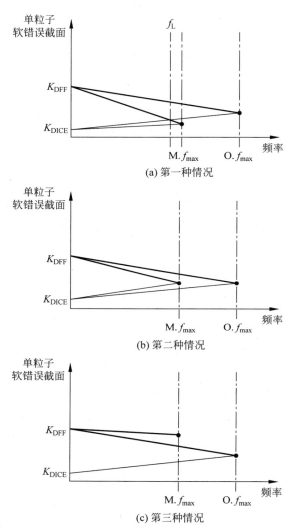

(a) 第一种情况

(b) 第二种情况

(c) 第三种情况

图 2.41   在两种不同组合逻辑延迟时间下,加固(DICE)和非加固(DFF)触发器链的 单粒子软错误随频率变化的三种可能情况的示意图

O. f_{max} 和 M. f_{max} 分别表示组合逻辑延迟时间增加前后最高允许工作频率

综上可知,对于逻辑电路,通过适当增加组合逻辑单元的延迟时间(如在触发器间增加缓冲器级数)和选择合适的工作频率,使逻辑电路的软错误随频率的变化出现图 2.41(a)的情况,可以实现非 SEU 加固逻辑电路的总软错误截面比 SEU 加固的逻辑电路的总软错误截面小。

图 2.42 为 Xuan 等人[92]在触发器间增加相同的组合逻辑延迟时间、非 SEU 加固触发器逻辑电路及 DICE 和 TMR 两种 SEU 加固的逻辑电路的加固效果(即增加组合逻辑延迟时间前后总软错误截面的相对减少量)对比。由图可知,相比于 SEU 加固的逻辑电路,增加组合逻辑延迟时间来降低逻辑电路单粒子软错误的加固方法更适用于非 SEU 加固的逻辑电路。这与图 2.41 所示的分析结果一致,在一定程度上证明了上述分析的正确性。

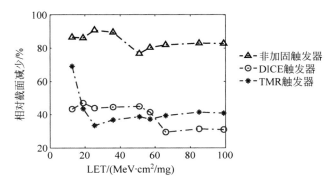

图 2.42　增加组合逻辑延迟时间引起的 SEU 加固(DICE 与 TMR)和非 SEU 加固逻辑电路的软错误截面降低对比

数据来源于文献[92]

© [2020] IEEE. Reprinted, with permission, from reference[102]

2.6　本 章 小 结

本章在分析现有的逻辑电路 SEU 软错误传播模型的基础上,考虑触发器内部主从锁存器 SEU 截面的差异,提出了改进的逻辑电路 SEU 软错误传播模型。结合仿真和实验结果,证明利用改进的模型可以减小现有模型的相对误差,平均相对误差从 20.82% 降到 4.68%,最大相对误差从 30.7% 降到 11.9%。利用改进的模型,提出了逻辑电路 SEU 的加固策略,在保证逻辑电路抗 SEU 性能的前提下,相比于完全加固的触发器设计减小 50% 的加固代价(面积和功耗),给出了保证加固策略有效实施所需的逻辑电路结构优化方法;提出了结合实验与仿真,定量评估触发器链逻辑电路 SEU 和 SET 软错误动态截面的方法。

　　本章还探讨了影响逻辑电路总软错误随频率变化趋势的因素,包括组合逻辑延迟时间、触发器的抗 SEU 性能,以及入射粒子 LET 和工作电压等。α 单粒子效应实验结果表明,降低逻辑电路工作电压和增加组合逻辑延迟时间可以使逻辑电路单粒子软错误截面随频率增加而降低,减小逻辑电路的总单粒子软错误截面;而入射粒子 LET 的增加,逻辑电路总软错误截面随频率增加倾向于增加;在一定的工作频率范围内,通过降低工作电压或者增加组合逻辑延迟时间,非 SEU 加固的逻辑电路可以获得比 SEU 加固逻辑电路更小的总软错误截面。这表明合理利用逻辑电路 SEU 时间屏蔽效应可以同时实现电路面积和功耗的降低、单粒子软错误截面的减少,相关工作也发表在 *IEEE Transcations on Nuclear Science* 上[102-103]。

第 3 章 版图结构对纳米逻辑电路 SET 影响的研究

3.1 本章引论

纳米工艺集成电路中晶体管或者逻辑门的物理间距与单个高能粒子入射在集成电路敏感节点处产生的电子空穴对的横向径迹尺寸相似甚至更小,使单个入射粒子通过电荷共享能够同时影响多个敏感单元,引发存储单元的多位翻转、组合逻辑电路的单粒子多瞬态效应。相比于单粒子多位翻转,单粒子多瞬态脉冲的实验探测和分析都更有挑战性,且目前针对它的研究较少。

为了研究单粒子多瞬态效应,本章首先通过自主设计片上自触发 SET 脉冲宽度测量系统,降低现有片上自触发 SET 测量系统的脉冲宽度测量下限;其次,研究 65nm 体硅反相器链组合逻辑电路产生的 SET 脉冲的产生与电路工作电压、版图布局结构的关系,重点研究单粒子多瞬态脉冲(SEMT)的产生及其脉冲宽度特征。通过改变重离子的入射方向、方位角、单粒子脉冲激光的能量,对比研究不同反相器版图加固结构的单粒子多瞬态脉冲敏感性并分析其敏感性差异的原因。

3.2 电路设计和实验方法

3.2.1 电路设计

1. SET 脉宽测量电路设计

片上自触发 SET 脉冲宽度测量方法被广泛用于研究组合逻辑电路的 SET 效应,它具有 SET 脉冲宽度测量精度高、实验测量方便等优点。其中,Narasimham 等人[105]提出的测量方法最具有代表性,如图 3.1 所示,现在仍被研究人员广泛采用。它主要包括 SET 产生电路或者目标电路、SET

脉宽测量电路。但是此方法存在的一个缺点是当目标电路产生的 SET 脉冲宽度较小时,它在测量电路中(由逻辑延迟单元串联而成)传播时的脉宽会随着经过的逻辑延迟单元级数的增加而逐渐衰减甚至完全消失。所以 SET 脉冲经过测量电路中多级逻辑延迟单元后,测量得到的脉宽偏小甚至为零。Massengill 等人[106]讨论了 SET 脉冲在组合逻辑电路中传播的规律,提出可以无衰减传播的最小 SET 脉冲宽度即脉冲宽度阈值的概念和计算方法。由于低 LET 高能粒子产生的 SET 脉冲宽度完全有可能小于这个脉冲宽度阈值,这些窄 SET 脉冲将无法被这种片上自触发 SET 脉冲宽度测量电路准确测量到[107]。而且由于目标电路的结构较测量电路的结构简单,它的 SET 脉冲宽度阈值一般比测量电路的 SET 脉冲宽度阈值小,这导致能够在目标电路中无衰减传播的 SET 在测量电路中因为不断衰减而无法准确测量其宽度[108]。

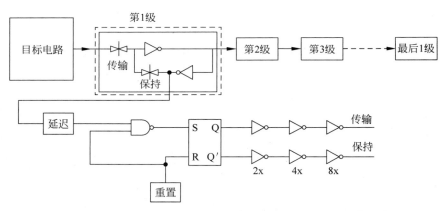

图 3.1　现有的片上自触发 SET 脉冲宽度测量电路原理图[104-105]

　　为了克服这个缺点,降低片上自触发 SET 脉冲宽度测量方法的 SET 脉冲宽度测量下限,本书提出了改进的方法,如图 3.2 所示。改进的测量电路包括一个逻辑延迟单元级数较多的测量模块(N 级)和逻辑延迟单元级数较少的测量模块(n 级),它们同时测量每个来自目标电路的 SET 脉宽。前者用于测量脉冲宽度较大的 SET 脉冲(功能结构类似原测量电路),后者用于测量脉宽较小的 SET 脉冲。其中,N 和 n 的大小各自决定了宽窄脉冲测量模块允许测量的最大瞬态脉冲宽度,它们分别由待测量的 SET 脉冲宽度最大值和阈值脉冲宽度来确定,前者可通过相关文献调研或者三维器件的 TCAD 仿真获得而后者可通过电路仿真得到。这样的组合设计方法

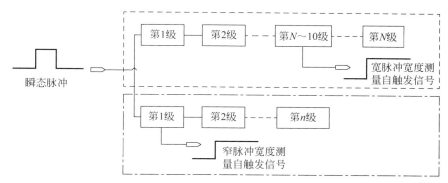

图 3.2　改进的片上自触发 SET 脉冲宽度测量电路原理图

包括窄脉冲测量模块(n 级逻辑延迟单元)和宽脉冲测量模块(N 级逻辑延迟单元),n 由 SET 阈值
脉冲宽度确定；N 由待测最大的 SET 脉冲宽度确定

既能保证较大宽度的 SET 被测量到,也能够对小于阈值脉宽的 SET 脉冲通过窄脉冲测量模块(只需要经过较少的延迟逻辑单元级数即可被测量到,因此脉宽衰减较弱)进行相对准确的脉宽测量。

利用 65nm 体硅工艺设计改进的片上自触发 SET 脉冲宽度测量芯片,在芯片上还设计了环形振荡器(图 4.11)。设计的环形振荡器中每一级反相器的原理图和版图均与测量电路中延迟逻辑单元(处于导通状态)的原理图和版图相同,以保证振荡器的反相器延迟时间与测量电路的延迟逻辑单元延迟时间一致。因此可以通过测量环形振荡器的频率来校准测量电路中每一级逻辑延迟单元的延迟时间,从而确定 SET 脉宽测量的精度。

2. 目标电路设计

为了适应单粒子多瞬态脉冲的产生,同时简化目标电路设计,设计了如图 3.3 所示的版图蛇形布局的反相器链。这种设计使版图上相邻两行的反相器可能会被入射的单个高能粒子同时影响而产生单粒子双瞬态脉冲。图 3.4 给出了前 100 级反相器的版图结构。假设第一级反相器输入为低电平,那么由于反相器的逻辑"反"功能,这 200 级反相器的奇数级反相器输入均为低电平而偶数级反相器输入为高电平。那么上、下两行奇数级反相器的 NMOS(棋盘格式,如 3♯和 199♯的 NMOS)有可能同时受到单个高能粒子的作用而产生单粒子双瞬态脉冲。由于两个脉冲在反相器链上的不同位置产生,且相距有一定的空间距离(即相隔的反相器链级数),所以不会叠加在一起。当它们传播到输出端后可以区分开来,先后进行脉冲宽度测量。

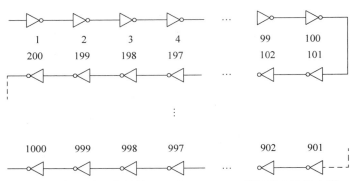

图 3.3　版图蛇形布局的 1000 级（100×10）反相器链目标电路

类似地，其他相邻两行反相器可以产生 PMOS 棋盘格式的单粒子双瞬态脉冲。图 3.5 给出了反相器链输出端测得的单粒子双瞬态脉冲波形示意图。Evans 等人[57]研究发现，在 65nm 工艺节点下，这种棋盘格式的版图布局产生的单粒子多瞬态脉冲最多有两个脉冲，即单粒子双瞬态脉冲。因此这种蛇形布局的版图结构可以用于研究单粒子双瞬态的产生概率及其脉冲宽度特征。

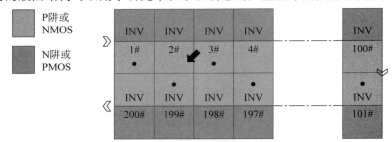

图 3.4　目标电路前 200 级反相器的版图结构（前附彩图）

蓝色版图表示 P 阱（NMOS 所在区域），粉色版图表示 N 阱（PMOS 所在区域）

图 3.5　单粒子双瞬态脉冲传播到反相器链输出端时的波形示意图

　　本书还对比研究了商用版图设计和保护环版图加固设计的反相器单粒子多瞬态脉冲的敏感性差异，这两种版图结构如图 3.6 所示。相比于商用版图设计，保护环版图加固设计使反相器的阱电势更稳定，能够更快速地收集高能粒子入射产生的电子空穴对，有助于抑制晶体管间或者反相器间的单粒子电荷共享[109-111]。

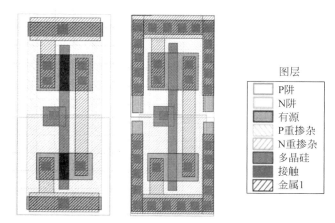

图层
- ▢ P阱
- ▢ N阱
- ▨ 有源
- ▨ P重掺杂
- ▨ N重掺杂
- ▨ 多晶硅
- ▨ 接触
- ▨ 金属1

图 3.6　商用版图设计反相器（INV-C）和保护环加固版图设计反相器（INV-GR）（前附彩图）

©〔2020〕IEEE. Reprinted, with permission, from reference〔119〕

　　为了适应激光微束单粒子效应实验的开展，在目标电路版图设计阶段把部分组合逻辑电路上方的金属层（2～6 层）去掉，只保留第 1 层金属线用于晶体管局部互连（保证电路的功能完整），从而减少脉冲激光入射时被金属层吸收和反射。目标电路在 20 倍显微镜下的照片如图 3.7 所示，虚线的方框内对应去掉上层金属布线的目标电路区域。在进行激光微束单粒子效应实验时，选择一个目标区域后，进行脉冲激光的均匀扫描，扫描步长为 $0.25\mu m$。

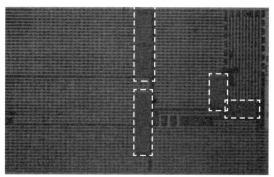

图 3.7　20 倍显微镜下目标电路的版图结构（前附彩图）

虚线框对应去掉芯片上层金属布线的区域

3.2.2　实验方法

　　本章开展重离子和激光微束单粒子效应实验，对比了两种实验手段在产生单粒子多瞬态脉冲上的差异。重离子实验采用 Bi 离子辐照,能量约为 6.1MeV/核子,在硅中的 LET 为 99MeV·cm^2/mg,选择的注量率约为 10^4/(s·cm^2)。为了探究产生单粒子多瞬态的影响因素,重离子入射的角度包括垂直入射、跨越阱方位的倾斜入射和沿阱方位的倾斜入射,如图 3.8 所示。激光微束单粒子效应实验选择的脉冲激光参数:激光波长为 532nm,激光束斑直径为 $0.78\mu m$,脉冲持续时间为 21ps。虽然一般选择 1064nm 波长的脉冲激光开展激光微束单粒子效应实验(这个波长的激光不仅能够在 Si 中激发出电子空穴对,而且在 Si 中的衰减较弱,传播路径更长),但是该波长的激光对应的脉冲激光束斑直径是 $1.02\mu m$,比重离子在 Si 中电离的横向径迹尺寸可能大很多。因此这里选择 532nm 的波长,使脉冲激光的束斑直径与重离子的电离的横向径迹尺寸接近。由于脉冲激光选择入射的版图区域无高层(2~6 层)金属布线,激光在到达电路敏感区域前只有 1 层金属的局部阻挡,大部分激光能量能够在电路敏感区域中沉积。重离子和激光微束单粒子效应实验分别在中国科学院近代物理研究所重离子加速器和西北核技术研究所完成,实验照片如图 3.9 所示。

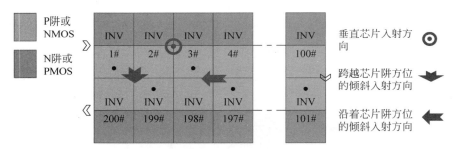

图 3.8　重离子相对芯片版图的不同入射角度的示意图(前附彩图)

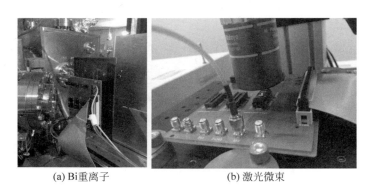

(a) Bi 重离子　　　　　(b) 激光微束

图 3.9　单粒子瞬态脉冲实验照片

3.3　实验结果和讨论

3.3.1　SET 脉冲宽度测量精度和测量下限的标定

在 1.2V,1.1V,1.05V,1.0V 和 0.9V 的工作电压下分别先测量 SET 脉宽测量系统的环形振荡器频率,再根据公式(4-1)即可计算得到相应电压下环形振荡器每一级反相器的逻辑延迟时间分别为 33.3ps,39.7ps,43.3ps,48.2ps 和 62.3ps,此即相应工作电压下改进的片上自触发 SET 脉冲宽度测量电路的测量精度。在离 INV-C 反相器链输出端较近的反相器上(均匀扫描)进行激光微束单粒子效应实验。实验结果表明(如图 3.10),在 1.2V 的工作电压(标称)下,改进的 SET 脉宽测量电路可以准确测量的最小脉冲宽度为 33.3ps,而原测量电路的相应值为 166.5ps,因此改进的测量方法有效降低了 SET 脉冲宽度的测量下限。同时,改进的方法还保留了原测量方法能够测量大 SET 脉宽的优点,如图 3.11 所示。

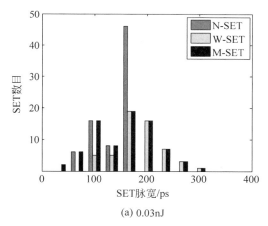

(a) 0.03nJ

图 3.10　在不同能量的脉冲激光辐照下,INV-C 产生的 SET 脉宽分布 (1.2V)(前附彩图)

N-SET,W-SET(代表原测量方法)和 M-SET(代表改进测量方法)分别表示窄脉冲测量模块、宽脉冲测量模块和改进方法的统计结果

Reprinted from reference [108], with permission from Elsevier

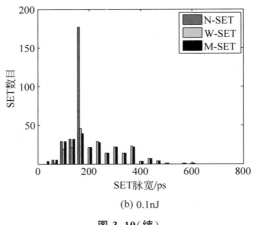

(b) 0.1nJ

图 3.10(续)

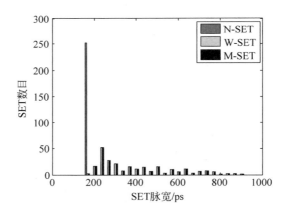

图 3.11　在能量为 0.2nJ 的脉冲激光辐照下,INV-C 产生的 SET 脉宽分布(1.2V)(前附彩图)

N-SET,W-SET(代表原测量方法的测量结果)和 M-SET(代表改进测量方法)分别表示窄脉冲测量模块,宽脉冲测量模块和改进的统计结果

Reprinted from reference [108], with permission from Elsevier

3.3.2　SET 脉冲宽度展宽因子的标定

由于浮体效应,体硅工艺组合逻辑电路上产生的 SET 在传播中会发生脉冲展宽。为了评估设计的目标电路——反相器链受到浮体效应的影响程度,需要测量其 SET 脉冲展宽因子。图 3.12 给出了在 INV-C 反相器链中距离其输出端 300 级、500 级和 700 级反相器位置处产生的 SET 脉宽分

布。选择的工作电压是 1.2V，脉冲激光能量分别是 0.03nJ 和 0.1nJ。如表 3.1 所示，随着离反相器链输出端级数的增加，平均的 SET 脉宽不断增加，两种脉冲激光能量下的平均展宽因子分别为 0.123ps/级 和 0.143ps/级，平均为 0.133ps/级。类似地，对 INV-GR 开展 SET 脉冲展宽因子的测量，发现其值与 INV-C 的值接近，说明两种版图结构受浮体效应的影响相当。由于本书的研究重点是对比 INV-C 和 INV-GR 的 SET 敏感性，而浮体效应引发的 SET 展宽对它们的影响又近似一样，所以忽略这种效应不会对后面实验的结果分析和讨论造成显著的影响。

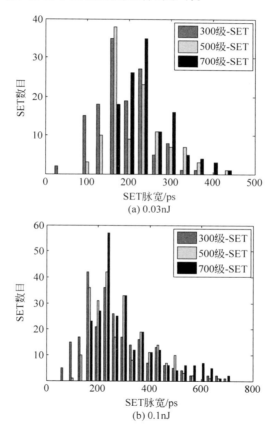

图 3.12　在 1.2V 工作电压下，不同脉冲激光能量时，INV-C 中距离反相器链输出端 300 级、500 级和 700 级反相器处产生的 SET 脉宽分布（前附彩图）

Reprinted from reference [108], with permission from Elsevier

表 3.1 0.03nJ 和 0.1nJ 脉冲激光入射在离 INV-C 反相器链输出端不同级数处产生的 SET 平均脉宽及其展宽因子

脉冲激光能量/nJ	300 级处的平均 SET 脉宽/ps	500 级处的平均 SET 脉宽/ps	700 级处的平均 SET 脉宽/ps	平均展宽因子/ (ps/级)
0.03	185	214	242	0.123
0.1	265	285	314	0.143

注：工作电压为 1.2V

3.3.3 重离子垂直入射实验结果和分析

在 1.2V 工作电压下，SET 脉宽测量系统测得的两种版图设计结构的反相器 INV-C 和 INV-GR 的 SET 脉冲宽度分布如图 3.13 所示，并未探测到单粒子多瞬态脉冲。从图中可以看出，INV-C 和 INV-GR 的脉宽分布均存在两个不重合的峰。这是因为采用的 65nm 体硅工艺是双阱工艺，而双阱工艺导致 PMOS 晶体管的寄生双极晶体管效应比 NMOS 晶体管的严重[112]，使 PMOS 上产生的平均 SET 脉冲宽度相对 NMOS 的大，这导致 PMOS 产生的 SET 脉冲分布（近高斯分布，中心脉冲宽度较大）与 NMOS 产生的瞬态脉冲分布（近高斯分布，中心脉冲宽度较小）叠加后形成双峰的瞬态脉冲宽度分布[107]。经过统计，INV-C 和 INV-GR 的 SET 截面非常接近，$(1.1\pm0.1)\times10^{-5} cm^2$，而它们的平均脉冲宽度分别是 $332\pm240ps$ 和 $252\pm144ps$，其中的误差棒对应一个标准差（本书后续的 SET 平均脉宽也使用相同的表示方法）。采用保护环版图加固的方法虽然不能降低 Bi 离子引起的 SET 脉冲截面（可能是 Bi 离子 LET 过大，导致 INV-C 和 INV-GR 的 SET 脉冲截面均达到饱和），但是可以有效降低（约 24%）SET 脉冲宽度。

在 1.05V 工作电压下，实验也未探测到 INV-GR 产生的单粒子多瞬态脉冲，它的 SET 脉冲宽度分布与图 3.13 类似，但是平均脉冲宽度为 $352\pm115ps$。实验探测到 INV-C 产生的单粒子双瞬态（SEDT）脉冲（6/72，占比为 8.3%），具体分布如图 3.14 所示，其中，SEDT 的主次脉冲定义[56] 见表 3.2。表 3.3 给出了测试得到的单粒子双瞬态脉冲产生的顺序及其主次脉冲宽度。统计得到 INV-C 的单粒子单瞬态（SEST）的平均脉冲宽度为 $412\pm246ps$，比 INV-GR 的大约 17%。SEDT 的主脉冲平均宽度是 $267\pm78ps$，比 SEST 的脉宽小约 35%。

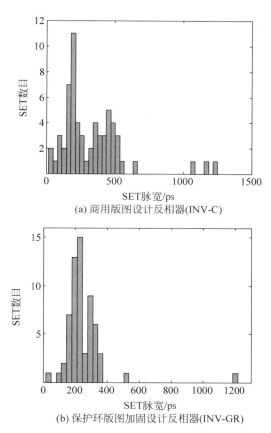

(a) 商用版图设计反相器(INV-C)

(b) 保护环版图加固设计反相器(INV-GR)

图 3.13　在 Bi 离子垂直辐照下,两种设计反相器的 SET 脉冲脉宽分布

工作电压为 1.2V

© [2020] IEEE. Reprinted, with permission, from reference [119]

表 3.2　单粒子双瞬态脉冲的主次脉冲特征

脉 冲 类 型	主脉冲 （active）	次脉冲 （passive）
脉冲宽度特征	脉宽较大	脉宽较小
目标反相器类型	主反相器	次反相器
产生原因	目标反相器离入射粒子较近 或者被粒子直接轰击	目标反相器离入射粒子较远

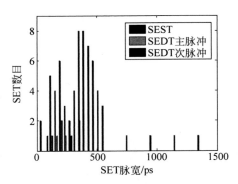

图 3.14　在 Bi 离子垂直辐照下,商用版图设计的反相器(INV-C)的 SET 脉冲脉宽分布(前附彩图)

SEDT 和 SEST 数目分别是 6 和 66,SEDT 占比 8.3%。工作电压为 1.05V

© [2020] IEEE. Reprinted, with permission, from reference [119]

表 3.3　Bi 离子垂直辐照下 INV-C 单粒子双瞬态脉冲产生的顺序及其脉冲宽度特征

测试得到的 SET 事件中 单粒子双瞬态脉冲 的产生顺序	脉冲 1/ps	脉冲 2/ps	脉冲 1 和脉冲 2 的 时间间隔/ps
4	389(主脉冲)	302(次脉冲)	1211
6	216(次脉冲)	389(主脉冲)	1168
13	216(次脉冲)	216(主脉冲)	130
17	130(次脉冲)	130(主脉冲)	260
42	173(次脉冲)	260(主脉冲)	1687
69	216(主脉冲)	87(次脉冲)	2033

注:工作电压为 1.05V

3.3.4　重离子斜入射实验结果和分析

当工作电压为 1.2V 时,实验发现沿阱方位角 45°入射的重离子产生的 SET 脉冲分布与垂直入射的类似:INV-C 仅仅产生了一个单粒子双瞬态脉冲,其余为单粒子单瞬态脉冲(1/51);而 INV-GR 只产生单粒子单瞬态脉冲,它们的单粒子单瞬态脉冲宽度分别是 276±169ps 和 269±181ps, SET 脉宽具体分布如图 3.15 所示。虽然由垂直角度改为 45°入射使 Bi 离子的有效 LET 增加了约 1.4 倍[113],但是发现此时 INV-GR 的单粒子单瞬态脉冲宽度相比于垂直的单粒子单瞬态脉冲宽度 252±144ps 没有明显变化,而 INV-C 则比垂直的 $332\pm240\text{ps}$ 还小。这是由于有电学连接的反相器间(这里指反相器链中前后级反相器)的单粒子电荷共享引起 SET 脉冲猝熄[114]。保护环版图的加固设计抑制了单粒子电荷共享,减弱了这种猝熄效应,使 INV-GR 受到这种效应的影响比 INV-C 的小,脉宽压缩幅度较小。

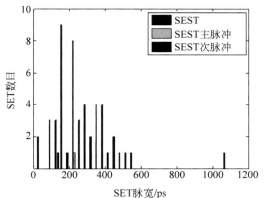

(a) INV-C(SEDT和SEST数目分别为1和50,SEDT占比2%)

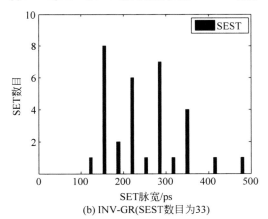

(b) INV-GR(SEST数目为33)

图 3.15 在 Bi 离子辐照下,沿阱方位角斜 45°入射产生的 SET 脉冲宽度分布(前附彩图)

当工作电压为 1.2V 时,INV-GR 中跨越阱方位角 45°斜入射的重离子产生的 SET 脉冲宽度分布与 1.2V 下垂直入射产生的分布类似,即只有单粒子单瞬态脉冲产生。而对于 INV-C 来说,共测量到 9 个单粒子双瞬态脉冲,占比 16.4%,具体分布如图 3.16 所示。INV-C 和 INV-GR 的平均单粒子单瞬态脉冲宽度分别为 $333\pm169\mathrm{ps}$ 和 $303\pm181\mathrm{ps}$，均比沿阱方位角 45° 入射的脉宽大，而与垂直入射的接近（对 INV-C 而言）或者略有增加（对 INV-GR 而言）。这是因为跨越阱方位斜入射让没有电学连接（这里指反相器链中版图上相邻两行）的反相器之间产生单粒子电荷共享，此时不存在 SET 脉冲猝熄效应。但是 Ahlbin[115] 等人发现，跨越阱方位角导致单个反相器内 NMOS 和 PMOS 间产生单粒子电荷共享，引起 SET 脉冲宽度减小。而且相对于 INV-C，这种作用对 INV-GR 更弱，因为 INV-GR 经过保护环版图加固，抑制了反相器内 NMOS/PMOS 间的单粒子电荷共享。因此考虑到由垂直入射变为跨越阱方位倾斜 45° 角入射增加了粒子的有效 LET，此时观测到的脉宽不变（INV-C）或者略微增加（INV-GR）现象体现了这种单个反相器内晶体管间单粒子电荷共享效应引起的脉宽减小的作用。另外，统计得到 INV-C 的单粒子双瞬态脉冲的主次脉冲宽度平均值分别为 $347\pm140\mathrm{ps}$ 和 $238\pm99\mathrm{ps}$。对比发现，单粒子双瞬态脉冲的主脉冲宽度与单粒子单瞬态脉冲宽度接近，说明跨越阱方位斜入射引起的单粒子电荷共享不会导致主反相器产生的脉冲（即 SEDT 主脉冲）宽度小于没有单粒子电荷共享时主反相器产生的脉冲（即 SEST 脉冲）宽度，而是额外引起次反相器产生脉冲（即 SEDT 次脉冲）。

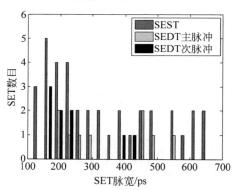

图 3.16　INV-C 在 Bi 离子辐照下，跨越阱方位角斜 45°入射产生的 SET 脉冲宽度分布（前附彩图）

SEDT 和 SEST 数目分别为 9 和 46，SEDT 占比 16.4%。工作电压为 1.2V

© [2020] IEEE. Reprinted, with permission, from reference [119]

当工作电压为 1.2V 时，Bi 离子沿跨越阱方位斜入射到 INV-C 的角度增加到 60°，实验共测量到 16 个单粒子双瞬态脉冲，占比 31.4%，具体分布如图 3.17 所示。统计得到 INV-C 的单粒子单瞬态、单粒子双瞬态脉冲的主次脉冲宽度平均值分别为 $388\pm263\mathrm{ps}, 382\pm122\mathrm{ps}$ 和 $219\pm111\mathrm{ps}$, 此时的单粒子双瞬态脉冲的主脉冲宽度也与单粒子单瞬态脉冲宽度接近。而且对比沿跨越阱方位 45° 斜入射的实验结果发现, 增加入射角度可以有效增加单粒子双瞬态脉冲的产生概率(反相器间电荷共享增强), 而脉冲的宽度只是略微增加(LET 增加的作用被反相器内 NMOS 和 PMOS 间的电荷共享部分抵消)。

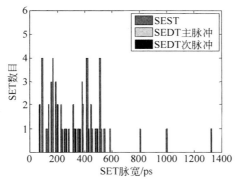

图 3.17　INV-C 在 Bi 离子辐照下, 跨越阱方位角斜 60° 入射产生的 SET 脉冲宽度分布(前附彩图)

SEDT 和 SEST 数目分别为 16 和 35, SEDT 占比 31.4%。工作电压为 1.2V

© [2020] IEEE. Reprinted, with permission, from reference [119]

3.3.5　激光微束单粒子效应实验结果和分析

不同于重离子辐照实验中重离子可以倾斜角度入射, 脉冲激光只能垂直芯片表面入射, 但是脉冲激光的能量可以连续调节, 用于模拟不同 LET 入射的重离子[116-117]。实验结果显示, 在 1.2V 工作电压下, 当入射脉冲激光的能量增加时, INV-C 和 INV-GR 产生的单粒子单瞬态脉冲宽度不断增加, 与此同时, 它们产生单粒子双瞬态脉冲的概率迅速增加, 如图 3.18 所示。在 0.2nJ 和 0.4nJ 下, INV-GR 的单粒子多瞬态产生概率比 INV-C 分别小 95.5% 和 57.0%。因此相比于 INV-C, INV-GR 产生的单粒子单瞬态脉冲宽度和单粒子双瞬态产生率均显著减小, 体现了保护环版图加固方法的 SET 效应的加固效果。提高工作电压减小了 INV-C 的单粒子单瞬态脉冲的宽度, 具体结果如图 3.19 所示。这是由于电压降低, 反相器中恢复晶体管的电流驱动能力下降, 增加了反相器的 SET 敏感性。但是又发现, 单粒子双瞬态脉冲的产生概率随工作电压增加反而增加。

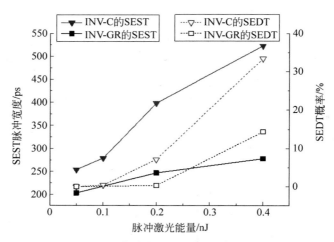

图 3.18　INV-C 和 INV-GR 在脉冲激光垂直入射下产生的 SEST 平均脉宽、SEDT 产生的概率随脉冲激光能量的变化。

工作电压为 1.2V

© [2020] IEEE. Reprinted, with permission, from reference [119]

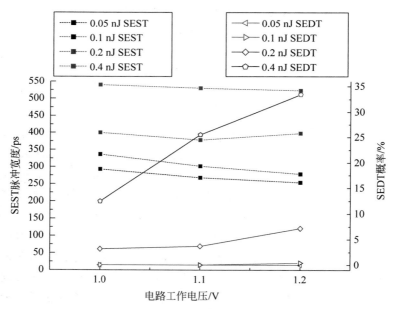

图 3.19　在不同脉冲激光能量下，INV-C 产生的 SEST 平均脉宽、SEDT 产生的概率随工作电压的变化（前附彩图）

© [2020] IEEE. Reprinted, with permission, from reference [119]

　　图 3.20 给出了脉冲激光测到的单粒子双瞬态的主脉冲宽度、次脉冲宽度、主次脉冲宽度之和，以及单粒子单瞬态脉冲宽度。从图中可以看出，单粒子双瞬态的主脉冲宽度均小于单粒子单瞬态脉冲宽度，而单粒子双瞬态的主次脉冲宽度之和略大于单粒子单瞬态脉冲宽度(当电压为 1.2V 时，两者基本一样)。

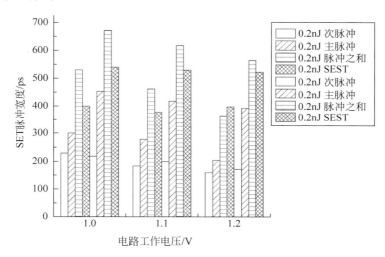

图 3.20　在不同电压下脉冲激光产生的 SEST 和 SEDT 的平均脉冲宽度

© [2020] IEEE. Reprinted, with permission, from reference [119]

3.3.6　对比分析和讨论

　　总结 3.3.2～3.3.4 节的实验结果可知，对于在不同方位角、倾斜角度入射辐照下的重离子 Bi，INV-GR 均能够降低 SET 脉冲的宽度(相比于 INV-C)，而且还能完全抑制单粒子多瞬态的产生。另外，由于保护环版图加固方法减小了反相器 NMOS/PMOS 间和前后级反相器间的单粒子电荷共享，由单粒子电荷共享带来的 SET 脉冲宽度减小的效果也无法获得，这在一定程度上削弱了 INV-GR 的 SET 效应加固效果。脉冲激光实验结果表明 INV-GR 能够降低 SET 脉冲宽度，还能有效降低单粒子多瞬态脉冲的产生概率，但是无法完全抑制单粒子多瞬态脉冲的产生。INV-GR 在重离子和脉冲激光入射下产生的单粒子多瞬态脉冲概率的差异一方面可能是由于脉冲激光的等效 LET 更高，另一方面可能是因为脉冲激光在硅中的横向电离径迹较重离子的更大，导致单粒子电荷共享效应增强，单粒子多瞬态效应更明显。实验用的 532nm 波长激光的束斑直径为 $0.78\mu m$(激光能量降低 $1/e$ 时对应的横向直径),而重离子 Bi(能量 6.1MeV/核子)的横向电离直径小于 $0.1\mu m$(衰减至 $1/e$ 处)[3,118]。

重离子实验结果对比表明(表 3.4),电压降低、跨越阱方位角斜入射可以导致 INV-C 产生单粒子多瞬态脉冲,而且跨越阱方位角度越大单粒子多瞬态的产生概率越高。沿阱方位角斜入射能够引起 SET 脉冲减小(SET 脉冲猝熄效应),不利于产生单粒子多瞬态脉冲。跨越阱和沿阱方位角的这些差异源于它们发生单粒子电荷共享反相器的电学连接关系不同:跨越阱方位角斜入射增加了无电学连接的反相器之间的单粒子电荷共享而沿阱方位角斜入射增加了有电学连接的反相器之间的单粒子电荷共享。所以在设计组合电路时,为了优化其抗 SET 性能,包括减小 SET 脉冲的宽度和抑制单粒子多瞬态脉冲的产生,在不增加相邻逻辑门的版图间距的情况下,针对无电学连接的逻辑门采用保护环加固方法(相比商用版图设计增加了电路面积消耗)来有效抑制单粒子多瞬态的产生,而对于存在电学连接的逻辑门则采用商用的版图设计来增强 SET 脉冲猝息效应,减小 SET 脉冲宽度。这样的选择性版图加固设计可以获得单粒子电荷共享效应带来的 SET 脉冲宽度降低的优势,同时有效抑制了单粒子多瞬态效应,在增加抗 SET 性能和电路面积消耗之间取得了很好的折中。

表 3.4　在不同实验测试条件下,INV-C 的单粒子多瞬态(双瞬态)的产生概率

INV-C SET	垂直入射 (1.2V)	垂直入射 (1.05V)	45°跨越阱 方位角 (1.2V)	60°跨越阱 方位角 (1.2V)	45°沿阱 方位角 (1.2V)
单粒子单瞬态 脉冲数	63	66	46	34	50
单粒子双瞬态 脉冲数	0	6	9	16	1
单粒子双瞬态 脉冲占比/%	0.0	8.3	16.3	32.0	2.0

对比垂直入射和倾斜角度(跨越阱方位角)产生的单粒子双瞬态脉冲波形特征发现(表 3.5),重离子或者脉冲激光垂直入射产生的单粒子双瞬态的主脉冲比单粒子单瞬态脉冲宽度小很多,主次脉冲宽度之和与单粒子单瞬态脉冲宽度的接近;倾斜角度入射产生的单粒子双瞬态的主脉冲与单粒

子单瞬态脉冲宽度接近,而主次脉冲宽度之和则比单粒子单瞬态脉冲宽度的大很多。这种差异应该归结于粒子在两种入射条件下发生的单粒子电荷共享效应不同:垂直入射的单粒子电荷共享导致主反相器逻辑门收集的电荷减小,导致主脉冲宽度小于没有发生单粒子电荷共享的反相器产生的单粒子单瞬态脉冲宽度;倾斜入射引发的单粒子电荷共享没有减少主反相器逻辑门收集的电荷(粒子先后穿过主次反相器,因此次反相器收集的电荷与主反相器的无关),收集的电荷量与粒子不穿过次反相器而只产生单粒子单瞬态脉冲的大小一致,所以单粒子双瞬态主脉冲宽度与单粒子单瞬态脉冲宽度接近。

表 3.5　在不同测试条件下,INV-C 的 SEST 和 SDET 平均脉冲宽度及 SEDT 的产生概率

瞬态脉冲 类型	Bi 离子 垂直(1.05V)	脉冲激光 0.4nJ 垂直(1.2V)	Bi 跨阱方位 60°方位角(1.2V)	Bi 跨阱方位 45°方位角(1.2V)
从脉冲/ps	187±57	172±60	219±122	238±99
主脉冲/ps	267±78	393±54	382±111	347±140
单粒子 单脉冲/ps	412±246	523±260	388±263	333±169
主从脉冲 宽度之和/ps	454	565	601	585

3.4　本 章 小 结

本章针对现有广泛使用的片上自触发 SET 脉冲宽度测量系统,提出了改进测量方法,在保留现有测量方法优点的前提下,降低了 SET 脉冲宽度测量的下限。激光微束实验校准结果显示,在标称的工作电压下,改进的片上自触发 SET 脉冲宽度测量电路把 SET 脉冲宽度测量的下限从 165.5ps(现有测量方法)减小到 33.3ps,相关工作发表在 *Microelectronics Reliability*[108] 上。

通过设计两种版图结构的反相器链:商用版图和保护环版图加固设计,重点研究了版图结构对单粒子多瞬态脉冲产生的影响。重离子 Bi 和脉冲激光辐照结果显示,保护环版图加固方法能够有效减小 SET 脉冲宽度,同时还能有效抑制单粒子多瞬态(双瞬态)脉冲的产生。重离子结果显示保护环版图加固设计能够完全抑制单粒子多瞬态,而脉冲激光结果表明它可以有效减小单粒子多瞬态产生的概率:在高能脉冲激光(0.4nJ)和低能脉冲激光(0.2nJ)下分别减小 57.0% 和 95.5%。商用版图设计反相器的重离子实验结果显示,粒子跨越阱方位角斜入射、降低工作电压可以增加单粒子多瞬态产生的概率,而粒子沿阱方位角斜入射则减小 SET 脉冲宽度,不利于产生单粒子多瞬态。不同方位角斜入射产生单粒子多瞬态脉冲的差异归结于在两种方位角下发生单粒子电荷共享的反相器之间的电学连接关系不同。最后,对比了粒子斜入射和垂直入射产生的单粒子多瞬态脉冲宽度差异,发现垂直入射产生的单粒子多瞬态脉冲主脉冲宽度远小于单粒子单瞬态脉冲宽度,而斜入射的主脉冲宽度接近单粒子单瞬态脉冲宽度,这是由两种粒子入射方式引起的相邻反相器间单粒子电荷共享差异导致的。

本章的研究结果表明,无电学连接的版图上相邻的组合逻辑门因单粒子电荷共享产生单粒子多瞬态脉冲;有电学连接的版图上相邻的组合逻辑门因单粒子电荷共享产生 SET 脉冲猝熄效应,降低脉冲宽度,同时抑制单粒子多瞬态的产生。因此在综合考虑加固效果和加固代价的基础上,选择性地加固版图上相邻的组合逻辑门:无电学连接的组合逻辑门间采用保护环版图加固方法(增加版图面积);有电学连接的组合逻辑门间采用商用的版图设计方法(版图面积消耗最小),相关工作也发表在 *IEEE Transcations on Nuclear Science*[119-120] 和 *Microelectronics Reliability*[121] 上。

第 4 章 总剂量对纳米逻辑电路 SEE 影响的研究

4.1 引　言

纳米 CMOS 集成电路受到总剂量的影响,主要表现在 NMOS 晶体管场氧区产生氧化物陷阱和界面陷阱,导致器件内部源漏之间和不同器件之间的漏电流增加。器件漏电流的增加影响电路的电学参数,如逻辑延迟时间、有效驱动电流等,而逻辑电路的单粒子敏感性又与电路电学参数密切相关,因此总剂量效应必然会影响纳米 CMOS 逻辑电路的单粒子敏感性。

本章利用 40nm 体硅工艺的触发器链,研究 X 射线总剂量效应对纳米体硅 CMOS 工艺逻辑电路静态漏电流、SEU 和 SET 引起的软错误截面的影响规律,以及静态漏电流增加对逻辑单粒子敏感性的作用机理。对比研究不同电路测试向量、工作电压,总剂量对纳米体硅 CMOS 工艺逻辑电路单粒子效应的影响。

4.2 实 验 方 法

本实验的 α 粒子单粒子效应实验方法与 2.3.1 节第 2 条介绍的相同。实验用芯片上含有的触发器链信息见表 2.1。在单粒子效应实验和芯片静态漏电流测试前让芯片接受不同累积剂量的总剂量辐照。实验在范德堡大学总剂量辐照平台(10keV 能量 X 射线)[122]上完成。文献[123-124]指出,晶体管场氧处的电场越大,总剂量引起的漏电流越严重,因此展开总剂量辐照实验时,尽量选取高的工作电压,增强总剂量效应。虽然总剂量辐照引起的漏电流与触发器链的输入向量(逻辑高电平 1 和逻辑低电平 0)有关[125],但是考虑到触发器链本身在结构上具有一定的对称性,在进行总剂量辐照时选取一个向量而在做漏电流测试和单粒子效应实验时选取两个向量,即可等效研究不同输入向量引起的差异。

　　图 4.1 给出了整个实验的大致流程图。选用相同设计的两块芯片(芯片 1 和芯片 2)分别开展总剂量引起芯片的静态漏电流和总剂量对逻辑电路单粒子效应影响的实验。总剂量辐照时固定触发器链的输入向量为 1 (高电平,即芯片供电电压),工作电压为标称电压 1.1V,总剂量辐照的剂量率为 31.5krad(SiO_2)/min。在不同工作电压下测量芯片静态漏电流时,让触发器链输入 1 或者 0(低电平,即芯片的地电压)的状态,在时钟以一定频率工作一段时间后(保证各个触发器的输出状态与输入向量相同),固定时钟信号为高电平,再开始测量芯片静态漏电流。做单粒子效应实验时选择固定输入 1 或者 0,并选取两种工作电压:1.1V 和 0.8V。针对每一个单粒子效应实验获得的数据点,统计的软错误计数超过 500,相应的 84% 置信水平下的相对误差仅为 4.5%。

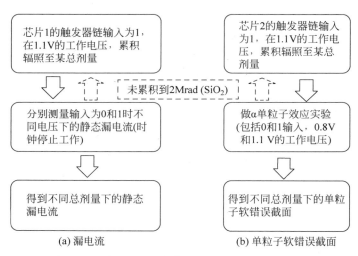

图 4.1　测量不同总剂量下芯片的静态漏电流及
单粒子软错误截面变化规律的流程图

4.3　总剂量致静态漏电流变化

　　图 4.2 给出了总剂量-芯片静态漏电流的关系曲线。由图可知,随总剂量的增加(直到 2 Mrad (SiO_2)),芯片静态漏电流不断增加并且趋于饱和。同时发现,漏电流测试时芯片的工作电压越高,漏电流越大,但是低电压下的漏电流随总剂量相对增加的速率更快。在进行总剂量辐照前(总剂量辐

照时输入为 1),输入 0 的漏电流测试结果与输入为 1 的相同,而当总剂量增加时,输入为 0 的漏电流比输入为 1 的大。

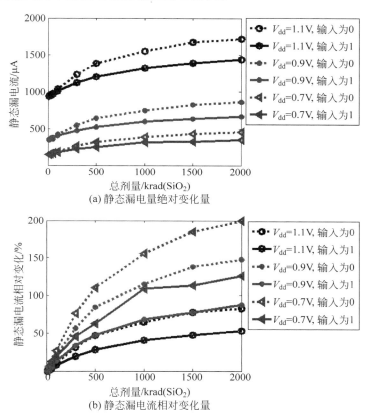

图 4.2 在不同工作电压(V_{dd})和输入向量(input)的测试条件下,40nm 芯片的静态漏电流与总剂量辐照累积剂量的关系

图 4.3 则给出了总剂量累积到 2Mrad(SiO_2)之后进行的室温、芯片接地连接的退火实验结果。发现初始 4h 的退火导致的漏电流减小较为明显,而随后的 4~12h 退火效应不明显。除在电压为 0.7V 和输入为 0 的测试条件下,以及 12h 后的退火数据点稍显异常外(可能属于实验误差),在其余电压和输入向量下的测量结果均表明经过 12h 的室温退火,漏电流相对减小量在 15% 以内。辐照到某个累积剂量后进行 1~3 天的 α 粒子单粒子效应实验,因此退火效应对实验结果的影响需要给予考虑。

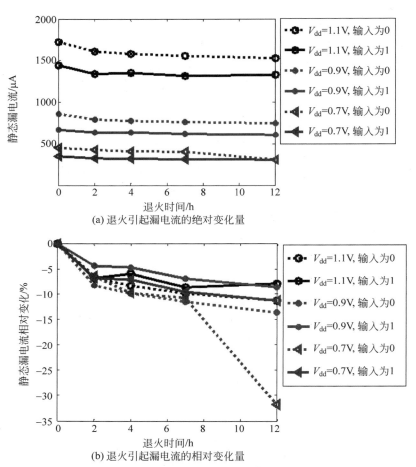

(a) 退火引起漏电流的绝对变化量

(b) 退火引起漏电流的相对变化量

图 4.3　在不同工作电压和输入向量的测试条件下,40nm 芯片的静态漏电流在 2Mrad(SiO₂)辐照后的室温、接地退火实验结果

ⓒ[2020] IEEE. Reprinted, with permission, from reference[130]

　　触发器中的 NAND 结构锁存器如图 4.4 所示。总剂量辐照前设置 D 端输入为 1,D_端输入为 0,使 Q 和 Q_分别存储 0 和 1。在进行总剂量辐照时,D 和 D_端均置于 1,使锁存器进入锁存状态,Q 和 Q_保持 0 和 1。此时 N11,N12 和 N22 三个 NMOS 管输入电压为高电平,其场氧电场处的强度较高,由总剂量引起的场氧漏电流增加较大(PMOS 受总剂量效应的影响是减小漏电流,而 NMOS 在输入为 0 时处于关断状态,场氧处电场强度低,对总剂量敏感度相对也不高)。在测试电路静态漏电流时,如果设置锁存器的输入为 1,则在进入锁存状态时,P11,P12 和 N21 进入关断状态(如图 4.
4 所示),它们的漏电流决定了整个 NAND 结构锁存器的静态漏电流。这
些晶体管在总剂量辐照时受影响较小,所以此时测量得到的静态漏电流较
小;而如果设置锁存器的输入为 0,则进入锁存状态时,P21,P22 和 N11 处于
关断状态(如图 4.5 所示),由于 N11 受总剂量影响较大,它的漏电流对整个
NAND 结构锁存器的漏电流贡献较大,导致测量得到的静态漏电相对较大,
与实验观测结果(如图 4.2 所示)吻合。这表明总剂量致 NAND 结构锁存器
的静态漏电流增加主要来源于 NMOS 晶体管的漏电流,且增加的幅度与总剂
量辐照和漏电流测试前设置的锁存器的输入向量相关;总剂量和漏电流测试
前设置的电路输入向量一致比输入向量相反测量得到的漏电流少。

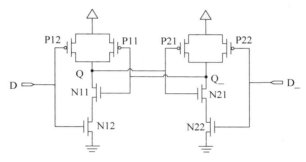

图 4.4　实验用触发器中 NAND 结构锁存器,输入为 1

在输入 1 时,D 和 Q_处于高电平,D_和 Q 处于低电平;当锁存器处于锁存状态时,D,D_和
Q_均处于高电平而 Q 处于低电平,则 N11,N12 和 N22 均处于导通状态,N21 处于关断状态

©[2020] IEEE. Reprinted, with permission, from reference [130]

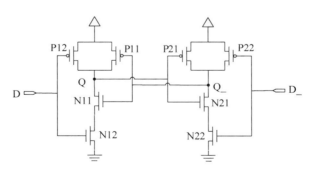

图 4.5　实验用触发器中 NAND 结构锁存器,输入为 0

在输入 0 时,D 和 Q_处于低电平,D_和 Q 处于高电平;当锁存器处于锁存状态时,D,D_和
Q 均处于高电平而 Q 处于低电平,则 N12,N21 和 N22 均处于导通状态,N11 处于关断状态

©[2020] IEEE. Reprinted, with permission, from reference [130]

4.4　总剂量对逻辑电路 SEU 的影响

4.4.1　实验结果

表 4.1 为开始做某个测试条件(累积的总剂量、工作电压)的单粒子效应实验前累计的退火时间,退火时间主要来自做单粒子效应实验累计消耗的时间。同时,表 4.1 还给出了等效的剂量率,这是根据累积的总剂量和退火时间的比值计算出来的。计算的依据是假设 40nm 体硅 CMOS 管的总剂量效应没有明显剂量率效应,或者说当电路经过相同的总剂量和一样的退火时间(包括总剂量辐照的时间和辐照后退火的时间)时,电路受总剂量的影响应该是相同的。表 4.1 说明在 0.8V 工作电压下的单粒子效应实验前电路受到的总剂量等效辐照剂量率均比 1.1V 的等效辐照剂量率小,表明不同电压下的实验测试结果比较分析需要考虑总剂量辐照的剂量率差异的影响。

表 4.1　α 粒子单粒子效应实验前不同总剂量的等效退火时间和等效剂量率

总剂量/krad(SiO_2)	0	500	1000	1500	2000
1.1V 的累计退火时间/天	0	3	6	10	13
1.1V 的等效剂量率/(krad(SiO_2)/h)	0	6.94	6.94	6.25	6.41
0.8V 的累计退火时间/天	0	5	8	11	14
0.8V 的等效剂量率/(krad(SiO_2)/h)	0	4.17	5.21	5.68	5.95

注:工作电压为 0.8V 和 1.1V

DFF(触发器链,触发器间没有组合逻辑单元)在三个不同总剂量辐照后的单粒子软错误计数随时间的变化如图 4.6 所示,可以看出总剂量引起 DFF 的 SEU 软错误整体呈增加的趋势。而 DFF 在不同工作电压和输入向量下 SEU 截面的实验测试结果如图 4.7 所示。从图中可以看出,高电压(1.1V)下的 SEU 截面均小于低电压(0.8V)下的截面,这是因为逻辑电路的工作电压越低,晶体管的驱动电流减弱,触发器单粒子敏感节点产生 SEU 所需的临界电荷量减小,导致 SEU 敏感性增强[126]。在不同测试条件下,SEU 截面随总剂量的变化都大致遵循先增加后减小的规律,且在 1Mrad(SiO₂)或者 1.5Mrad(SiO₂)附近产生最大的翻转截面。值得注意的是,当总剂量增加到 2Mrad(SiO₂)时,SEU 截面几乎回到了总剂量辐照前的水平。DFF-INV1,DFF-INV2 和 DFF-INV3 触发器链的实验结果也有类似的现象和变化规律。它们具有相同的触发器,但是触发器间连接不同 PMOS/NMOS 晶体管宽度的反相器链,具体参考表 2.1。其中,DFF-INV2 的实验结果如图 4.8 所示,说明不同触发器链的实验结果具有一致性。

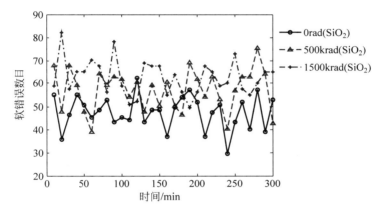

图 4.6　在不同总剂量辐照下,DFF 中 α 粒子 SEU 软错误随时间的变化(前附彩图)

每个数据点对应 10min 的累计错误数

© [2020] IEEE. Reprinted, with permission, from reference [130]

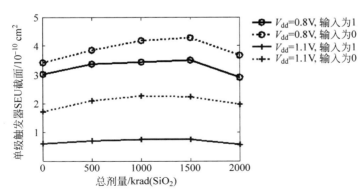

图 4.7　在不同工作电压和输入向量下,DFF 中 α 粒子 SEU 引起的软错误随总剂量的变化

© [2020] IEEE. Reprinted, with permission, from reference [130]

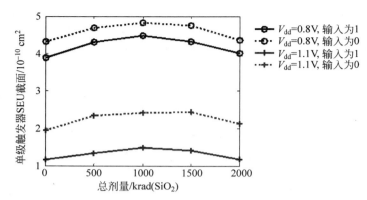

图 4.8　在不同工作电压和输入向量下,DFF-INV2 中 α 粒子 SEU 引起的软错误随总剂量的变化

© [2020] IEEE. Reprinted, with permission, from reference [130]

　　为了更清晰地反映总剂量对 SEU 截面变化规律的影响,图 4.9 给出了 DFF-INV2 和 DFF 中 SEU 软错误截面随总剂量增加的相对变化量。由于 SEU 截面(图 4.7)和静态漏电流(图 4.2)随总剂量增加均呈现先增加的趋势,推测漏电流的增加导致了逻辑电路(即触发器)的 SEU 截面增加,而 SEU 截面的降低部分则与总剂量的退火效应导致漏电流减小有关(图 4.3),因为静态漏电流随累积的总剂量而增加,在 1.5Mrad(SiO₂)后趋于饱和,但是退火能引起静态漏电流减少。但另外,在 2Mrad(SiO₂)累积剂量辐照后,SEU 截面大幅下降,几乎回到总剂量辐照前的水平,而退火导致的漏电流降低幅度(<15%,图 4.3)远小于退火前总剂量引起的漏电流增加幅度(50%~200%,图 4.2),所以仅仅依据退火效应难以解释实验观测到的 SEU 截面在 2Mrad(SiO₂)处出现大幅下降的现象。

4.4.2　实验结果讨论

　　类似于 SRAM 存储单元,触发器中锁存器的敏感节点发生 SEU 的条件是入射粒子产生的 SET 脉冲宽度大于锁存器信号建立所需的反馈时间[127]。粒子产生的 SET 脉冲宽度越长,SEU 就越容易产生;而锁存器信号建立的反馈时间越长,SEU 越不容易产生,因为反馈时间增加使得锁存器中由 α 粒子产生的电荷有更多的时间被电路收集,而在此期间内锁存器不发生翻转[87,128]。以总剂量辐照输入为 1、单粒子效应测试输入为 0 为例,由于总剂量致触发器的静态漏电流增加(如图 4.4 所示的 N11 的漏电

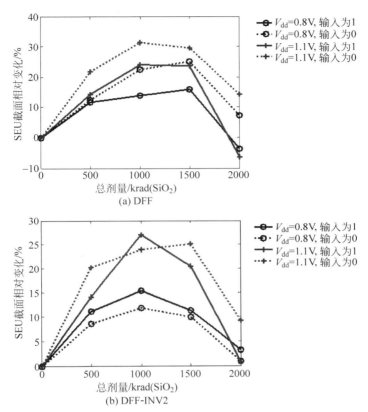

图 4.9　在不同工作电压和输入向量下,相对总剂量辐照前的 α 粒子 SEU 截面随总剂量的变化

© [2020] IEEE. Reprinted, with permission, from reference [130]

流),恢复晶体管(恢复受单粒子效应影响节点电势的晶体管,如图 4.5 所示的 P11 和 P12)的有效驱动电流减小,Q 产生的 SET 脉冲宽度增加[81]。

　　另外,总剂量致漏电流也会引起锁存器信号建立的反馈时间增加。实验测量发现,芯片上的环形振荡器(图 4.10)产生的周期振荡信号频率随总剂量的增加不断降低:从总剂量辐照前到累积剂量 2Mrad(SiO$_2$),在 1.1V 和 0.8V 工作电压下的振荡频率分别从 524MHz 降到 433MHz,从 217MHz 降到 183MHz。由环形振荡器频率与反相器逻辑门延迟时间关系(参考式(4-1))可知,在 1.1V 和 0.8V 下环形振荡器内单级反相器逻辑门延迟时间随总剂量增加相对增加的幅度分别是 21% 和 19%。分析图 4.4 可知,NAND 结构锁存器的信号建立(存储状态变化)所需的反馈时间可以等效为两个串联反相器的逻辑延迟时间。虽然环形振荡器所用的反相器 N/PMOS 尺寸与触发器中锁存器状态变化时等效的反相器 N/PMOS 尺寸有差异，但是 Abou-Auf 等人[125]的研究表明，总剂量对不同尺寸反相器电学参数影响的趋势一致。

图 4.10　N 级反相器构成的环形振荡器示意图

综上可知，SET 脉冲宽度和锁存器信号建立时间（也可等效为反相器的延迟时间）均随总剂量增加而增加，前者引起 SEU 截面增加而后者导致 SEU 截面降低，所以触发器的 SEU 截面随总剂量的变化取决于这两个增加量哪种起主导作用。结合实验观测的现象，可以推断在较小的总剂量下，SET 脉冲宽度随总剂量的增加占主导作用，使得 SEU 截面不断增加，而在到达 1.5Mrad(SiO₂) 后，锁存器信号建立反馈时间的增加开始占主导作用，导致 SEU 截面开始降低。

$$f = 1/(2N\tau) \tag{4-1}$$

其中，f 为环形振荡器频率，N 为环形振荡器的反相器级数（奇数级），τ 是每级反相器的平均延迟时间。

表 4.2 给出了在不同测试条件下各个传统结构 D 触发器链（触发器均为 NAND 型）的 SEU 截面受到总剂量影响的最大相对变化量，以及它们的平均最大相对变化量。对比测量结果（总剂量引起的 SEU 截面变化）可以发现，整体来说，在 1.1V 测试条件下，触发器 SEU 敏感性相对辐照前变化量大于在 0.8V 测试条件下的相对变化量，而输入为 0 的相对变化量则稍微大于输入为 1 的相对变化量。各种测试条件下测试结果差异的原因解释如下：

（1）高电压比低电压的 SEU 截面受总剂量的影响更大

由表 4.1 可知，用 1.1V 进行单粒子效应实验的等效剂量率高于 0.8V 的等效剂量率。因此两个工作电压下测试结果的差异有可能来源于它们等效剂量率的区别。另一种解释是，1.1V 工作电压下的触发器 SEU 的 LET 阈值比 0.8V 的 LET 阈值更大。考虑到 1.1V 下的触发器 SEU 的 LET 阈值必然比 0.8V 下的阈值大，如果 α 粒子的 LET 与 1.1V 下 SEU 的 LET 阈值接近，而比 0.8V 下 SEU 的 LET 阈值大很多（达到饱和区 LET），那么这将导致在 1.1V 下总剂量引起的触发器 SEU 敏感性变化比在 0.8V 下总剂量引起的触发器 SEU 敏感性变化大。

表 4.2　总剂量(0~2Mrad(SiO$_2$))导致的 α 粒子 SEU 截面的最大相对变化量

触发器链类型	SEU 测试条件	1.1V/%	0.8V/%
DFF	输入为 1	24.0	15.9
	输入为 0	31.3	25.0
DFF-INV1	输入为 1	27.0	15.4
	输入为 0	23.9	11.9
DFF-INV2	输入为 1	21.7	4.5
	输入为 0	27.0	15.8
DFF-INV3	输入为 1	25.0	7.5
	输入为 0	23.3	18.4
平均	输入为 1	24.2	10.8
	输入为 0	26.3	17.8

注：工作电压为 0.8V 和 1.1V

（2）不同输入向量测试结果的区别

这种由输入向量差异导致的触发器 SEU 敏感性差异与图 4.2 中由不同输入向量导致的静态漏电流的测试结果差异类似。结合图 4.4 和图 4.5 的电路原理图进一步解释,分析过程与 4.3 节类似:在总剂量辐照时触发器输入为 1(如图 4.4),N11 由于总剂量效应产生较大的漏电流。在进行单粒子效应实验时,若触发器输入为 1,N21 漏极 Q_ 对 1 到 0 的翻转敏感而 P11 和 P12 漏极 Q 对 0 到 1 的翻转敏感,受总剂量影响较大的 N11 产生的漏电流却不会影响 Q 和 Q_ 的状态稳定性(或者噪声容限),因为它们都处于导通状态。当输入为 0 时(如图 4.5),Q 处于高电平 1,N11 的漏电流会让 P11 和 P12 的等效驱动电流减小,增强 Q 的 SEU 敏感性,或者说此时 Q 状态的稳定性变差(噪声容限变低),这是因为 P12 和 P11 即使在导通时也存在一定的电阻,约百欧姆的量级,所以 Q 的电压(电源电压经过 P11 和 P12 电阻压降确定)低于电路工作电压,降低噪声容限,从而增加 Q 的 SEU 敏感性。

4.5　总剂量对逻辑电路 SET 的影响

4.5.1　实验结果

本书第 2 章论述了逻辑电路 SEU 的时间屏蔽效应导致 SEU 软错误的

频率相关性,因此对于 DFF-INV1 等触发器间连接组合逻辑单元的触发器链来说,不同频率下的 SET 截面无法直接得到。只有 DFF 这种不存在组合逻辑延迟的触发器链,在较高电压下受到 SEU 的时间屏蔽效应的影响很小,才可以忽略不计。而且如文献[86]报道,DFF 的触发器内部(处于读入状态的锁存器,作用类似组合逻辑电路)可以产生 SET 脉冲,引起 SET 效应,导致 DFF 的单粒子软错误随频率增加而增加。下面利用 DFF 的触发器内部 SET 软错误截面随总剂量的变化等效研究逻辑电路 SET 软错误截面随总剂量的变化。

图 4.11 给出了当 $V_{dd}=1.1V$,输入为 1 时 DFF 单粒子软错误截面随频率变化的情况。可以看出,当频率增加时,DFF 单粒子软错误截面不断增加,而且增加的速率随总剂量增加而增加,说明 SET 引起的软错误随总剂量增加而增加(因为 DFF 中 SEU 引起的软错误近似与频率变化无关)。通过数据线性拟合并线性外推,把不同总剂量下的单粒子软错误截面外推到 512MHz 频率下,得到该频率下的 SET 软错误截面(通过 512MHz 的总软错误截面减去总软错误静态截面计算得到),如图 4.12 所示,而相对变化见表 4.3。从图 4.12 可知,触发器 SET 软错误截面随总剂量增加先增加后减小,与 SEU 软错误截面的变化规律类似。对比表 4.2 和表 4.3 发现,触发器 SEU 软错误截面随总剂量的增加而增加的幅度(最大约 30%)明显比 SET 软错误截面的增加幅度(最大约 170%)小,说明逻辑电路 SET 软错误截面受总剂量的影响更大。

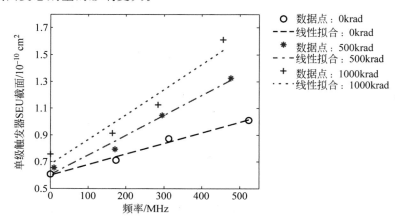

图 4.11　在不同总剂量(krad(SiO₂))辐照下,当 $V_{dd}=1.1V$,输入为 1 时 DFF 的
α 粒子单粒子软错误随频率变化的情况

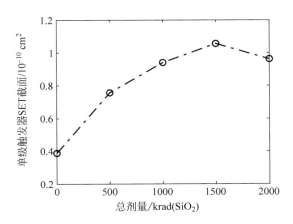

图 4.12　在线性外推 512MHz 频率下,触发器 SET 软错误随总剂量的变化

© [2020] IEEE. Reprinted, with permission, from reference [130]

表 4.3　触发器 SET 软错误截面随总剂量的相对变化

总剂量 krad(SiO₂)	500	1000	1500	2000
触发器 SET 软错误截面相对变化/%	95.3	142.3	171.8	147.5

4.5.2　实验结果讨论

在 4.4.2 节中已经证明,当总剂量增加时,SET 脉冲宽度和触发器保持建立时间(可等效为反相器延迟时间)均增加。在实验时触发器链输入恒为 1,SET 脉冲被触发器捕获的概率由式(4-2)决定[129],它随 SET 脉冲宽度的增加而增加,随触发器保持和建立时间的增加而减小,所以触发器内部产生的 SET 脉冲被捕获的可能性会随总剂量增加出现先增加后减小的现象,导致截面出现图 4.12 所观测到的趋势。

$$P = (T_{SET} - T_{sh})/T_{clk} \tag{4-2}$$

其中,T_{SET} 是 SET 脉冲宽度,T_{sh} 是触发器保持建立时间之和,T_{clk} 是时钟周期。

相比于 SEU 软错误截面,SET 软错误截面受总剂量的影响更大,这是因为 SET 软错误截面是 SET 敏感截面(取决于电路设计及其工艺、入射粒子 LET 和电路工作电压等)和 SET 被捕获概率(取决于电路设计、入射粒子 LET 和电路工作电压等)的乘积,而 SEU 软错误截面则仅仅由 SEU 敏感截面决定[96](也取决于电路版图面积、入射粒子 LET 值和电路工作电压等),因此相对来说,SET 软错误截面会由于捕获概率(或 SET 的脉冲宽度)随总剂量的增加而增加,产生更大的变化。

4.6　本章小结

本章首次研究了总剂量效应对纳米体硅 CMOS 工艺逻辑电路单粒子软错误影响的规律和机理。研究发现,随总剂量的增加(0～2Mrad(SiO_2)),40nm 体硅逻辑电路的 α 粒子 SEU 和 SET 的软错误均先增加后减小,峰值在 1.5Mrad(SiO_2)附近。总剂量引起 PMOS 晶体管的有效驱动电流降低和逻辑门延迟时间增加,分别导致 SET 脉冲宽度和触发器延迟时间(包括锁存器信号建立反馈时间和触发器保持建立时间)随总剂量的增加而增加,前者导致单粒子软错误截面随总剂量增加而增加,后者导致单粒子软错误截面随总剂量增加而减小。

实验结果表明,总剂量辐照在 0～2Mrad(SiO_2)范围内,40nm 体硅逻辑电路的 α 粒子 SEU 软错误截面最大相对增加 11%～31%,具体增加值与电路的输入向量、工作电压相关:工作电压越高、单粒子效应实验电路输入向量与总剂量辐照电路输入向量不同所对应的 SEU 软错误截面增加越大。相比之下,SET 软错误对总剂量的敏感程度高一些,最大相对增加约172%,这种敏感性差异与 SET 软错误的产生还依赖于 SET 被捕获的概率:随总剂量的增加,SET 被捕获的概率先增加后减小。

本章研究发现的总剂量效应对纳米体硅 CMOS 工艺逻辑电路软错误截面的影响规律表明,纳米逻辑电路单粒子敏感性受总剂量的最劣影响不一定产生于实验所用的最大总剂量点处,而是产生于某个中间总剂量点处,这为纳米体硅 CMOS 工艺逻辑电路的单粒子软错误实验评估提供了重要参考,相关工作也已经在 *IEEE Transcations on Nuclear Science*[130] 上发表。

第5章　温度对纳米逻辑电路 SEE 的影响

5.1　引　　言

　　温度通过影响半导体器件内载流子的迁移率、复合效率、扩散系数等来改变器件的阈值电压、驱动电流，进而改变电路的电学参数，比如组合逻辑延迟时间、触发器的保持和建立时间等，它也会改变集成电路敏感节点的单粒子效应电荷收集效率，例如影响单粒子电荷收集中的漂移和扩散过程。由于逻辑电路的单粒子敏感性既与电路敏感节点的单粒子电荷收集效率有关，还与电路的电学性能有关系，因此温度很有可能会影响逻辑电路的单粒子敏感性。考虑到空间中低 LET 高能粒子占所有粒子的比重最大，而且空间温度范围很广，研究纳米逻辑电路低 LET 的单粒子效应温度相关性十分有意义。

　　本章以 40nm 体硅触发器链为研究载体，首先，研究不同工作电压下纳米逻辑电路的 SEU 引发的软错误随温度的变化规律，通过电路仿真解释内在的机理；其次，研究在较高工作电压下纳米逻辑电路的 SET 引发的软错误随温度的变化规律，并解释内在的机理；最后，对比纳米逻辑电路 SEU 和 SET 软错误的温度敏感性差异，并进行分析解释。

5.2　电路设计和实验方法

5.2.1　电路设计

　　实验所用的电路信息见表 5.1，NAND 和 DICE 结构触发器分别如图 2.5 和图 2.7 所示。由本书第 2 章讨论可知，包含组合逻辑单元的触发器链（如 DFF2 等）会受到 SEU 时间屏蔽效应影响，因此它们不适用于通过改变频率研究其 SET 软错误随温度的变化。DFF1 则不受这种屏蔽效应的影响，而且其触发器内部能够产生的 SET 脉冲可以等效组合逻辑的 SET 脉冲，所以这里选取 DFF1 作为逻辑电路 SET 软错误随温度变化的研究载体。在低频测试条件下,各个触发器链受到 SEU 和 SET 时间屏蔽效应的影响均很小,适用于研究纳米逻辑电路 SEU 软错误随温度的变化规律。

表 5.1 实验用 40nm 体硅工艺触发器链信息

触发器链类型	组合逻辑单元	触发器 SEU 加固信息	触发器设计
DFF1	无	输出负载电容较大	NAND 型
DFF2	20 级反相器	输出负载电容较小	
DICE1	20 级反相器	敏感节点对间距 $1.0\mu m$	DICE
DICE2	20 级反相器	敏感节点对间距 $1.6\mu m$	DICE
DICE3	20 级反相器	敏感节点对间距 $2.4\mu m$	DICE
DICE4	20 级反相器	敏感节点对间距 $3.2\mu m$	DICE

5.2.2 实验方法

受到实验条件的限制,芯片温度变化的范围选定在 $-55\sim70℃$。其中,高温实验部分($25\sim70℃$)采用电阻片加热和红外激光测温仪方式实现(图 5.1);低温实验部分($-55\sim25℃$)采用特定的温度箱同时实现降温和温度测量功能,温度箱如图 5.2 所示。该温度箱在温度为零下时不会发生水蒸气凝结而影响粒子入射到芯片表面。开展单粒子效应实验测量前,芯片的温度稳定在设定的温度值。

图 5.1 高温实验采用的电阻片加热和红外激光测温仪测量方法
直接测量开盖后芯片表面的温度

在芯片开盖处理后,放置 Po-210 平面 α 源在芯片正上方,开展 α 单粒子效应实验,实验具体方法可参考本书 2.3.1 节的第 2 条。测量某个温度点下的单粒子软错误截面,按式(5-1)计算误差棒,对应 84% 置信水平。

图 5.2　低温实验采用的特定温度箱和实验平台

芯片置于温度箱内,信号连线到箱外进行单粒子效应实验测量

© [2020] IEEE. Reprinted, with permission, from reference [98]

$$\frac{\sqrt{n_{\text{SEU}}}}{F \cdot N_{\text{FF}}} \qquad (5\text{-}1)$$

其中,n_{SEU} 表示某次实验条件下测量到的某条触发器链的总软错误计数,N_{FF} 表示该触发器链总级数,F 表示 α 粒子的总注量。

5.3　温度对逻辑电路 SEU 的影响

5.3.1　实验结果

当电路的工作电压较高时(1.1V 和 0.9V),实验发现在 6h 的实验时间内,4 种 DICE 结构触发器链的 SEU 数目过少(个位数),缺乏统计意义,而 NAND 结构触发器的翻转数目达到数百个,所以这里只讨论 DFF1 和 DFF2 触发器 SEU 软错误截面随温度的变化规律。实验结果显示 DFF1 和 DFF2 触发器的 SEU 截面随温度的增加总体呈增加的趋势,尤其在低温区域,如图 5.3 所示。相比−55℃,温度增加引起 SEU 截面相对增加的最大值见表 5.2。

当电路的工作电压降低到 0.7V 时,实验发现 4 种 DICE 结构触发器链的 SEU 敏感性显著提高,在 6h 的实验时间内,SEU 数目超过 100,具有统计意义。实验结果显示 DFF1,DFF2,DICE1~DICE4 触发器的 SEU 截面随温度的增加出现先增加后减小的趋势,如图 5.4 所示。而从 SEU 截面的最大值到 70℃处 SEU 截面的相对减小见表 5.3。从该表还可看出,SEU 加固效果越好的触发器的相对减小量越大:从 DFF2 到 DICE4,触发器 SEU 加固效果增强,相对减小量增大。

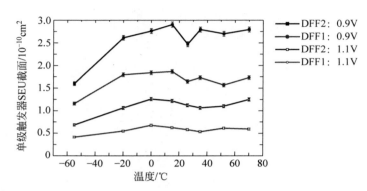

图 5.3 在较高电压(1.1V 和 0.9V)测试条件下,DFF1 和 DFF2 的 α 粒子 SEU 截面随温度的变化

ⓒ [2020] IEEE. Reprinted, with permission, from reference [98]

表 5.2 DFF1 和 DFF2 的 α 粒子 SEU 截面相对增加最大值(相比于−55℃)

工作电压/V	触发器链	−55℃下 SEU 截面 /10^{-11} cm^2	最大 SEU 截面 /10^{-11} cm^2	相对增加/%
1.1	DFF1	4.13	6.23	50.9
	DFF2	6.82	12.6	45.9
0.9	DFF1	11.6	18.7	33.7
	DFF2	16.0	29.1	45.0

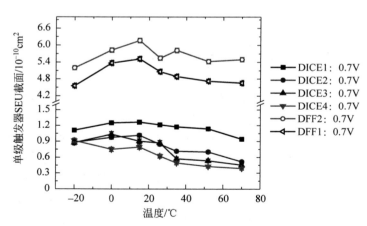

图 5.4 在低电压(0.7V)测试条件下,不同类型触发器链的 α 粒子 SEU 截面随温度的变化

ⓒ [2020] IEEE. Reprinted, with permission, from reference [98]

表 5.3　不同类型触发器链 α 粒子 SEU 截面从最大值到 70℃ 的截面变化

触发器链	触发器 SEU 加固信息	峰值 SEU 截面 /10^{-11}cm^2	70℃处 SEU 截面 /10^{-11}cm^2	相对减小 /%
DFF2	输出负载电容较小	61.6	55.0	10.7
DFF1	输出负载电容较大	55.2	46.5	15.8
DICE1	敏感节点对间距 1.0μm	12.6	9.42	25.2
DICE2	敏感节点对间距 1.6μm	10.2	5.17	49.3
DICE3	敏感节点对间距 2.4μm	10.4	4.52	56.5
DICE4	敏感节点对间距 3.2μm	9.13	3.88	57.5

5.3.2　实验结果讨论

已有研究表明[80]，只有当入射粒子 LET（＞10MeV·cm^2/mg）较高时，晶体管的寄生双极放大效应才明显，因此低 LET 高能粒子引起的单粒子效应随温度的变化主要取决于电路电学参数随温度的变化，而高 LET 粒子引起的单粒子效应随温度的变化主要取决于寄生双极放大效应。由于实验所用的 α 粒子在 Si 中的 LET 峰值约为 1.45MeV·cm^2/mg，所以 5.3.1 节的实验结果将主要通过电路电学参数随温度的变化进行解释。图 5.5 给出了在不同工作电压下，利用 Cadence 软件进行版图寄生参数提取后仿真

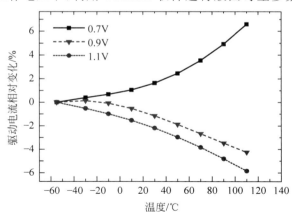

图 5.5　在不同工作电压下，版图寄生参数提取后的电路仿真得到 PMOS 的驱动电流随温度的相对变化

沟道长度为 40nm，宽度为 300nm

© [2020] IEEE. Reprinted, with permission, from reference [98]

得到的 PMOS 晶体管驱动电流随温度的相对变化,而 NMOS 晶体管有类似的变化趋势,这里没有给出。可以看出在 1.1V 和 0.9V 较高工作电压下,反相器逻辑门的驱动电流随温度增加而减小,而在 0.7V 下,驱动电流随温度的增加而不断增加。温度增加会减小晶体管沟道载流子的迁移率,同时也会降低晶体管的阈值电压[131]。而晶体管沟道载流子迁移率和阈值电压会影响晶体管的驱动电流,如式(5-2)和式(5-3)[132-133]所示,载流子迁移率越大、阈值电压越小晶体管的驱动电流越大。

$$I_{ds} \propto I_{ds0} \Big/ \Big(1 + \frac{R_{ds} I_{ds0}}{V_{dseff}}\Big) \tag{5-2}$$

$$I_{ds0} \propto V_{gsteff} \mu_{eff} V_{dseff} \Big(1 - \frac{A_{bulk} V_{dseff}}{2(V_{gsteff} + 2V_T)}\Big) \Big/ \Big(1 + \frac{V_{dseff}}{E_{SAT} L_{eff}}\Big) \tag{5-3}$$

其中,I_{ds},I_{ds0},R_{ds},V_{dseff},V_{gsteff},A_{bulk},μ_{eff},V_T,E_{SAT} 和 L_{eff} 分别是考虑短沟道效应的漏极电流、长沟道器件的漏极电流、寄生源漏电阻、有效源漏电压、有效栅极过载电压 $|V_{GS} - V_t|$(V_{GS} 和 V_t 分别是栅源电压、晶体管阈值电压)、模拟体电荷效应的参数、有效载流子迁移率、热电压、载流子迁移速率达到饱和的电场和有效沟道长度。

　　利用 Cadence 进行电路仿真得到 40nm 体硅工艺晶体管阈值电压约为 0.45V。当实验中电路的工作电压较高时(1.1V 和 0.9V,比晶体管阈值电压大很多),载流子迁移率随温度升高而降低起主导作用,导致晶体管的驱动电流减小;当电路的工作电压较低时(0.7V,接近晶体管阈值电压),晶体管阈值电压随温度升高而降低起主导作用,导致晶体管的驱动电流增加,这就是"反常温度效应"[131]。又由于 SET 脉冲宽度与晶体管电流驱动能力呈负相关的关系[81],在较高工作电压下,逻辑电路 SET 的脉冲宽度随温度升高而增加,而在较低工作电压下随温度升高而减小。

　　图 5.6 和图 5.7 是利用 Kauppila[134] 偏压相关的 SET 脉冲模型(经过 40nm 体硅工艺 TCAD 模型仿真校准)仿真得到的一个反相器(40nm 体硅工艺,N/PMOS 宽度为 240nm/300nm)在入射粒子(LET=1MeV·cm²/mg)作用下产生的 SET 脉冲宽度随温度的变化及其受工作电压的影响。图 5.6 和图 5.7 给出的是反相器输入固定低电平、输出高电平(NMOS 漏端对 SET 敏感)的仿真结果,而输入高电平时也有类似的变化规律,因此这里没有给出。从两图中可以看出,在 1.1V 和 0.9V 较高工作电压下,SET 脉冲宽度随温度增加而增加,而在 0.7V 工作电压下,SET 脉冲宽度随温度增加而减小,从而证实了反常温度效应是导致高低工作电压下 SET 脉冲宽度随

温度的变化呈相反变化趋势的主要原因。而且,由于在 0.7V 和 0.9V 工作电压下,SET 脉冲宽度随温度变化呈现相反的变化趋势,可以预计在 $0.7\sim$ 0.9V 工作电压范围内,存在一个工作电压,在该工作电压下,温度增加引起的晶体管阈值电压减小和载流子迁移率的降低对晶体管驱动电流的影响相互抵消,从而使得反相器的 SET 脉冲宽度随温度变化很小,或者对温度变化不敏感。

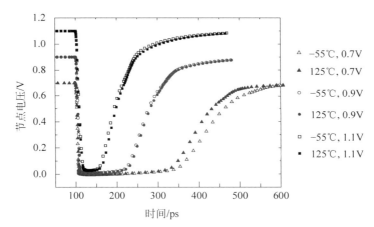

图 5.6　在不同工作电压和温度下,利用偏压相关的 SET 模型仿真得到的反相器 SET 脉冲

入射粒子 $LET=1MeV \cdot cm^2/mg$(硅中)

© [2020] IEEE. Reprinted, with permission, from reference [98]

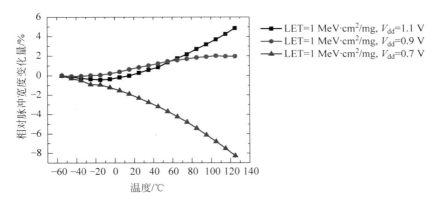

图 5.7　在不同工作电压下,利用偏压相关 SET 模型仿真得到的反相器 SET 脉冲宽度随温度增加的相对变化

© [2020] IEEE. Reprinted, with permission, from reference [98]

　　进一步地，表 5.4 还给出了不同 LET 粒子入射到反相器输出端产生的 SET 脉冲宽度受温度和工作电压的影响。对比可以看出，入射粒子 LET 越低，温度从 −55℃ 增加到 125℃ 引起的 SET 脉冲宽度相对增加（在 1.1V 和 0.7V 工作电压下）或者减小（在 0.7V 工作电压下）的幅度越大。

表 5.4　当不同 LET（硅中）粒子入射时，在 −55℃ 和 125℃ 下反相器输出端产生的 SET 脉冲宽度受到电路工作电压的影响及其相对增量

入射粒子 LET （MeV·cm²/mg）	反相器工作 电压/V	−55℃ 下 SET 脉宽/ps	125℃ 下 SET 脉宽/ps	SET 脉宽 相对增加/%
0.8	1.1	62.8	66.37	5.68
	0.9	141.2	144.9	2.62
	0.7	295.3	269.1	−8.87
1	1.1	90.3	94.6	4.76
	0.9	166.2	169.4	1.93
	0.7	319.5	293.1	−8.26
5	1.1	264.8	269.1	1.63
	0.9	338.6	341.1	0.74
	0.7	491.0	464.9	−5.32

　　考虑到触发器发生 SEU 的条件是锁存器单粒子敏感节点上产生的 SET 脉冲的宽度大于锁存器信号建立的反馈时间，因此温度对反馈时间的影响也需要进行仿真分析。图 5.8 为在不同工作电压下，单级反相器逻辑门（版图寄生参数提取后）的延迟时间随温度的变化情况，可以看出在较高的工作电压下，逻辑门延迟时间随温度变化不明显，而在较低的工作电压下，反常温度效应导致逻辑门延迟时间随温度的增加而减小。虽然温度对不同尺寸反相器的影响存在量的差异，但是对它们影响的趋势是一致的[131]。考虑到锁存器的信号建立反馈时间可以等效为两个串联反相器的逻辑延迟时间，在不同工作电压下锁存器的信号建立反馈时间随温度的变化趋势也应该与如图 5.8 所示的趋势类似。因此，结合前文所述的温度对逻辑电路 SET 脉冲宽度的影响，就可以解释实验观测到的现象：在较高的工作电压下，由于 SET 脉冲宽度随温度升高而增加（SEU 敏感性增强），而触发器中锁存器的信号建立反馈时间随温度变化很小，触发器 SEU 截面随温度升高而总体增加；在较低的工作电压下，由于反常温度效应的存在，SET 脉冲宽度随温度的升高而减小（SEU 敏感性减小），而触发器中锁存器的信号建立反馈时间随温度的升高而减小（SEU 敏感性增强），触发器 SEU 截面出现先增加（反馈

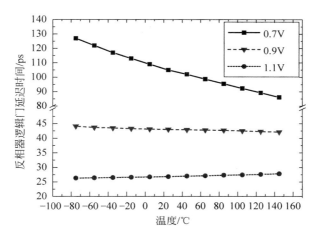

图 5.8　在不同工作电压下,版图寄生参数提取后的电路仿真得到反相器逻辑门
延迟时间随温度增加的变化

40nm 体硅工艺,NMOS/PMOS 宽度为 240nm/300nm

© [2020] IEEE. Reprinted, with permission, from reference [98]

时间减小占主导作用)后减小(SET 脉宽减小占主导作用)的趋势。

5.4　温度对逻辑电路 SET 的影响

5.4.1　实验结果

在较高的工作电压下,DFF1 触发器 α 粒子单粒子软错误截面随频率
的变化受温度的影响如图 5.9 所示。可以看出,触发器单粒子软错误均随
频率的增加而增加(由于 SET 软错误产生受时间窗口效应影响),但是当温
度从 26℃降到－55℃时,增加的斜率减小。由于 DFF1 的 SEU 软错误截
面随频率的变化很小(DFF1 触发器之间不存在组合逻辑单元,在较高的工
作电压下,SEU 软错误的时间屏蔽效应很弱),而只有触发器内部 SET 软
错误随频率增加而增加,图 5.9 表明触发器 SET 软错误随温度的降低而减
小。图 5.10 则给出了在高电压下,512MHz 频率点处触发器 SET 软错误
截面随温度增加的变化。

5.4.2　实验结果讨论

由图 5.10 可知,温度升高导致触发器 SET 软错误截面整体增加,这与

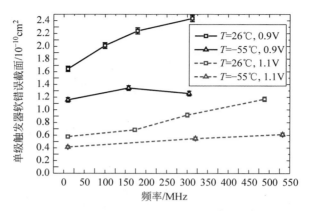

图 5.9　在较高电压(1.1V 和 0.9V)条件下,不同温度(26℃和−55℃)导致的 DFF1 触发器 α 粒子单粒子软错误截面随频率变化的差异

© [2020] IEEE. Reprinted, with permission, from reference [98]

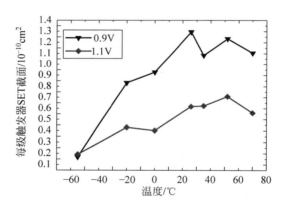

图 5.10　在较高电压(1.1V 和 0.9V)下,DFF1 触发器 α 粒子 SET 软错误截面随温度增加的变化

先把截面线性外推到 512MHz,再把 512MHz 点的总软错误截面减去静态总软错误截面

© [2020] IEEE. Reprinted, with permission, from reference [98]

图 5.3 所示的触发器 SEU 软错误截面随温度的变化趋势一样。在较高的工作电压下,温度升高导致 SET 脉宽增加(解释可以参考 5.3.2 节的仿真讨论),SET 敏感面积和 SET 被触发器捕获的概率(参考式(4-2))同时增加,而触发器的保持建立时间(可等效为反相器延迟时间)基本不变,因此触发器 SET 软错误截面随温度增加,而且 SET 软错误截面随温度变化的敏

感性大于 SEU 软错误截面随温度变化的敏感性,对比见表 5.5,原因与 4.5.2 节中 SET 软错误截面比 SEU 软错误截面受到总剂量影响更大的原因相同。

表 5.5 DFF 中 α 粒子 SEU 和 SET 软错误截面受温度影响相对最大变化值对比

工作电压/V	SEU 软错误/%	SET 软错误/%
0.9	33.7	87.0
1.1	50.9	73.0

5.5 本 章 小 结

本章利用 40nm 体硅工艺设计不同类型触发器链,研究温度($-55\sim$ 70℃)对纳米逻辑电路 α 粒子 SEU 和 SET 软错误截面的影响。实验表明,工作电压对纳米逻辑电路单粒子软错误截面随温度变化的规律有重要的影响。在较高的工作电压下,非 SEU 加固触发器的 SEU 软错误截面随温度增加而增加,从低温到高温增加了 34%～51%;当工作电压降低至与晶体管阈值电压接近时,实验上首次发现由于反常温度效应,触发器的 SEU 软错误截面随温度上升先增加后减小,从峰值到最高温度,减小了 11%～58%,而且触发器 SEU 加固效果越好这种减小越明显。在较高的工作电压下,实验发现 SET 软错误对温度的敏感性比 SEU 软错误对温度的敏感性更大。在 1.1V 和 0.9V 下,SEU 软错误/SET 软错误随温度变化的最大值分别是 50.9%/73.0% 和 33.7%/87.0%。这种敏感性差异主要来自 SET 软错误的产生还依赖于 SET 被触发器捕获的概率,这种捕获概率与 SET 脉冲宽度成正相关关系,而后者随温度增加而增加,相关工作也已经发表在 *IEEE Transcations on Nuclear Science*[98] 上。

本章研究了低 LET 入射粒子时,纳米体硅 CMOS 工艺逻辑电路单粒子软错误随温度变化规律受电路工作电压的影响、SET 与 SEU 软错误对温度变化敏感性的差异并且揭示了内在机理。同时,基于实验与仿真结果分析,预测了对于纳米体硅 CMOS 工艺逻辑电路,存在一个工作电压,在此工作电压下,逻辑电路低 LET 粒子的 SEU 敏感性不会随温度变化。此工作对纳米体硅 CMOS 工艺逻辑电路在不同工作温度下低 LET 粒子的单粒子软错误评估方法和加固建议均有指导意义。

第6章 总结与展望

6.1 研 究 总 结

集成电路工艺节点的缩小使集成电路节点电容减小,电路允许的工作电压降低,允许的工作频率提高,同时集成电路上晶体管的物理间距也不断缩小,这些变化导致进入纳米工艺节点后的逻辑电路单粒子效应的产生与传播出现新的现象和机理。而空间辐射环境的复杂性,包括总剂量效应和温度变化范围广等,进一步增加了纳米逻辑电路单粒子效应研究的挑战性。在这样的背景下,本书采用 40nm 和 65nm 体硅 CMOS 工艺设计逻辑电路,结合实验和仿真两种手段,研究了纳米体硅 CMOS 工艺逻辑电路单粒子效应的产生和传播受电路工作频率、工作电压、版图设计结构电路这些电路内部因素,以及温度和总剂量效应两种空间环境变量的影响规律及其机理,本书的主要内容如下:

(1) 研究了纳米逻辑电路 SEU 软错误的传播规律。通过对逻辑电路 SEU 软错误的传播模型进行分析、仿真和实验验证,证明了触发器内部主从锁存器的 SEU 截面差异对逻辑电路单粒子软错误随频率的变化有重要的影响,并提出了改进的模型。相比于现有的模型,改进的模型把平均相对误差从 20.82% 降到 4.68%,把最大相对误差从 30.7% 降到 11.9%;利用改进的模型提出了逻辑电路 SEU 的加固建议,在保证加固效果的前提下,相比于触发器完全加固的方法,可以降低触发器设计面积消耗 50%;基于改进的模型,提出了用于定量评估触发器链逻辑电路 SEU 和 SET 软错误的动态截面;研究了逻辑电路 SEU 时间屏蔽效应对逻辑电路总软错误的影响因素,包括触发器间组合逻辑延迟时间、电路工作电压、触发器抗 SEU 性能和入射粒子 LET,发现适当增加组合逻辑延迟时间、降低电路工作电压可以降低逻辑电路在高频下的软错误截面。

(2) 研究了电路版图设计结构对纳米逻辑电路 SET 的影响。通过增加窄脉冲测量模块,改进现有片上自触发 SET 脉冲宽度测量方法。基于

65nm 体硅工艺设计测量电路,在标称电压下发现,相比于现有测量方法,改进的方法把 SET 脉冲宽度的测量下限从 166.5ps 降到 33.3ps。利用改进的 SET 脉冲宽度测量系统,验证了保护环版图加固方法可以有效抑制反相器链在棋盘格式测试模式下的单粒子多瞬态脉冲的产生。重离子实验结果显示保护环版图加固设计反相器能够完全抑制单粒子多瞬态脉冲;脉冲激光实验结果表明保护环版图加固方法可以减小单粒子多瞬态产生的概率:在高能脉冲激光(0.4nJ)和低能脉冲激光(0.2nJ)下分别减小 57.0% 和 95.5%。重离子斜入射和垂直入射产生的单粒子多瞬态脉冲宽度分布存在较大的差异:垂直入射产生的单粒子多瞬态脉冲主脉冲宽度远小于单粒子单瞬态脉冲宽度而斜入射的主脉冲宽度接近单粒子单瞬态脉冲宽度,这是由两种粒子入射方式引起的相邻反相器的单粒子电荷共享差异导致的。

(3) 研究了总剂量对纳米逻辑电路单粒子软错误的影响规律并揭示了内在机理。通过 α 单粒子效应实验发现,纳米逻辑电路 SEU 和 SET 软错误截面随累积总剂量的增加($0\sim2$Mrad(SiO_2))先增加后减小。随累积总剂量增加,触发器内锁存器的信号建立时间延迟不断增加(降低 SEU 敏感性),而锁存器内 SEU 敏感节点产生的 SET 脉冲宽度也不断增加(增加 SEU 敏感性),导致触发器的 SEU 截面出现先增加后减小的变化趋势;类似地,随总剂量的增加,触发器的信号建立和保持时间不断增加(降低 SET 捕获概率),而锁存器内 SET 敏感节点产生的 SET 脉冲宽度也不断增加(增加 SET 被捕获概率),导致逻辑电路 SET 软错误截面出现先增加后减小的变化趋势。相比于 SEU 软错误截面,由于 SET 软错误截面受到 SET 捕获概率的影响,SET 软错误截面随总剂量增加的变化幅度更大。

(4) 研究了温度对纳米逻辑电路单粒子软错误的影响规律并揭示了内在机理。通过 α 单粒子效应实验发现,在较高的工作电压 1.1V 和 0.9V 下,纳米逻辑电路 SEU 软错误截面/SET 软错误截面随温度($-55\sim70$℃)增加整体增加,最大相对增幅分别是 50.9%/73.0% 和 33.7%/87.0%;在较低的工作电压 0.7V 下,纳米逻辑电路 SEU 软错误截面随温度增加出现先增加后减小的趋势。对于 α 粒子这种低 LET 粒子来说,温度对纳米集成电路单粒子效应的影响主要体现在电路电学参数的变化:温度升高,晶体管沟道区域的载流子迁移率和晶体管阈值电压同时降低。在较高的工作电压下,晶体管沟道区域的载流子迁移率随温度的增加而降低起主要作用,使晶体管的有效驱动电流减小,进而引起触发器内锁存器的 SEU 和 SET 敏感节点的瞬态脉冲宽度增加,但是纳米逻辑电路的逻辑门延迟时间变化不明显,这两种变化趋势导致逻辑电路 SEU 和 SET 的软错误截面随温度的升高而增加;在较低的工作电压下(接近晶体管的阈值电压),温度升高导致的晶体管的阈值电压降低起主要作用,进而使晶体管的有效驱动电流增加、纳米逻辑电路的逻辑门延迟时间减小,前者引起 SEU 软错误截面减小而后者引起 SEU 软错误截面增加。两者相互竞争导致纳米逻辑电路 SEU 软错误截面随温度的升高先增加后减小。

6.2　本书创新点

本书研究的主要创新点包括:

(1) 在考虑触发器内主从锁存器 SEU 截面差异的基础上,提出了改进的逻辑电路 SEU 软错误传播模型,并且通过仿真和实验证明改进的模型可以把现有模型的平均(不同电压下)相对误差从 20.2% 降到 4.68%,把最大相对误差从 30.7% 降到 11.9%;利用改进的逻辑电路 SEU 软错误传播模型,提出通过实验和仿真相结合的方法获得触发器链逻辑电路的 SEU 和 SET 软错误的动态截面。

(2) 提出了选择性加固逻辑电路 SEU 的策略。在电路频率大于转折点频率的条件下,用 SEU 加固主锁存器和非 SEU 加固从锁存器相组合的触发器取代全 SEU 加固的触发器,既能获得全加固触发器的加固效果,又能降低 50% 的加固代价(电路面积和功耗);提出选择性加固组合逻辑电路 SET 的策略。对无直接电学连接的组合逻辑单元采用保护环版图加固结构,降低其单粒子多瞬态效应;对有直接电学连接的组合逻辑单元采用商用版图结构,增强 SET 的脉冲猝熄效应,降低 SET 脉宽。这样的加固策略可以获得 SET 加固效果和加固代价的良好折中。

(3) 改进了现有广泛使用的片上自触发 SET 脉冲宽度测量方法,降低了 SET 脉冲宽度测量下限。利用 65nm 体硅工艺设计改进的测量电路,校准结果显示,在标称工作电压下,改进的测量方法可以把 SET 脉冲宽度的测量下限从 166.5ps 降到 33.3ps。

(4) 首次发现在较高工作电压下,纳米体硅 CMOS 逻辑电路 SEU 和 SET 软错误截面随总剂量的增加先增加后减小,这是因为晶体管的有效驱动电流随总剂量增加而减小(增大 SEU 和 SET 软错误截面),同时逻辑门延迟时间随总剂量增大而增加(减小 SEU 和 SET 软错误截面);首次发现在较低工作电压下,由于晶体管的反常温度效应,纳米逻辑电路 SEU 截面随温度的增加先增加后减小。

6.3　需进一步开展的研究

针对本书的研究不完善的地方或者值得继续深入研究的方向，做出如下展望：

（1）第 2 章研究了逻辑电路 SEU 软错误的传播规律，提出了改进的模型。虽然已经通过实验验证了改进的模型比现有的模型的精确性高，但是尚未把改进的模型应用到大规模逻辑电路的软错误分析中，以评估改进的模型在大规模集成电路软错误评估中的效率和相比于现有模型的优越性（评估所需的计算量和评估结果的精确性）；同时，针对改进的模型提出的逻辑电路 SEU 的加固策略还未通过实验进行验证。设计相应的加固触发器链（根据加固策略）和非加固触发器链，通过逻辑电路单粒子效应实验就可以开展相关研究。

（2）第 3 章验证了保护环版图加固方法在抑制棋盘格式反相器链单粒子多瞬态脉冲产生的效果，但是所设计的电路无法开展 1-1-1 或者 0-0-0 模式的实验验证，也无法进行其他版图布局的反相器链单粒子多瞬态敏感性测量。例如通过反相器链上反相器的顺序，使得相邻两行的反相器的输入逻辑状态一致就可以研究 1-1-1 或者 0-0-0 模式的单粒子多瞬态脉冲效应。类似地改变版图结构就可以进一步研究不同版图布局的单粒子多瞬态脉冲效应。

参 考 文 献

[1] MASSENGILL L, BHARAT B, HOLMAN W, et al. Technology Scaling and Soft Error Reliability[C]//International Reliability Physics Symposium (IRPS). Piscataway: IEEE,2012: 3C. 1. 1-3C. 1. 7.

[2] DASGUPTA S, WITULSKI A F, BHUVA B L, et al. Effect of well and substrate potential modulation on single-event pulse shape in deep submicron CMOS [J]. IEEE Transactions on Nuclear Science, 2007, 54(6): 2407-2412.

[3] RAINE M, HUBERT G, GAILLARDIN M, et al. Impact of the Radial Ionization Profile on SEE Prediction for SOI Transistors and SRAMs Beyond the 32nm Technological Node [J]. IEEE Transactions on Nuclear Science, 2011, 58 (3): 840-847.

[4] BAUMANN R. Radiation-induced soft errors in advanced semiconductor technologies [J]. IEEE Transactions on Device and Materials Reliability, 2005, 5 (3): 305-316.

[5] MAHATME N N, JAGANNATHAN S, LOVELESS T D, et al. Comparison of combinational and sequential error rates for a deep submicron process [J]. IEEE Transactions on Nuclear Science, 2011, 58(6): 2719-2725.

[6] SEIFERT N, ZHU X, MOYER D, et al. Frequency dependence of soft error rates for sub-micron CMOS technologies [C]//Technical Digest of International Electron Devices Meeting. [S. l. : s. n.],2001: 14. 4. 1-14. 4. 4.

[7] NGUYEN H T, YAGIL Y, SEIFERT N, et al. Chip-level soft error estimation method [J]. IEEE Transactions on Device and Materials Reliability, 2005, 5(3): 365-381.

[8] MA T P, DRESSENDORFER P V. Ionizing radiation effects in MOS devices and circuits [M]. New York: Wiley, 1989.

[9] EDMONDS L D, IROM F, ALLEN G R. Total ionizing dose influence on the single-event effect sensitivity in Samsung 8Gb NAND Flash memories [J]. IEEE Transactions on Nuclear Science, 2011: 1-1.

[10] DASDAN A, HOM I. Handling inverted temperature dependence in static timing analysis [J]. ACM Transactions on Design Automation of Electronic Systems (TODAES), 2006, 11(2): 306-324.

[11] GYURCSIK R S, THOMAS D W, GALLIMORE R H, et al. Timing and area optimization of CMOS combinational-logic circuits accounting for total-dose

radiation effects [J]. IEEE Transactions on Nuclear Science，1987，NS-34(6)：1386-1391.

[12]　PETERSEN E. Single-event effects in Aerospace [M]. New York：Wiley,2011.

[13]　DYER C. Space radiation environment dosimetry [C]//1998 NSREC Short Course. [S. l. : s. n.],1998：II-1-II-76.

[14]　XAPSOS M. Modeling the space radiation environment [C]//2006 NSREC Short Course. [S. l. : s. n.],2006：II-1-II-57.

[15]　CLAEYS C，SIMOEN E. 先进半导体材料及器件的辐射效应 [M]. 刘忠立，译. 北京：国防工业出版社，2008.

[16]　BAUMANN R. Single-event effects in advanced CMOS technology [C]//2006 NSREC Short Course.[S. l. : s. n.], 2006：II-1-II-59.

[17]　AVERY K. Radiation effects point of view [C]//2009 NSREC Short Course. [S. l. : s. n.],2009：II-1-II-44.

[18]　ROBERT A R. Fundamental mechanisms for single particle-induced soft-errors [C]//2008 NSREC Short Course.[S. l. : s. n.], 2008：I-1-I-63.

[19]　SCHWANK J R，SHANEYFELT M R，FLEETWOOD D M，et al. Radiation Effects in MOS Oxides [J]. IEEE Transactions on Nuclear Science，2008，55 (4)：1833-1853.

[20]　MCLEAN F B，OLDHAM T R. Basic mechanisms of radiation effects in electronic materials and devices harry diamond laboratory [EB/OL]. [2020-03-20]1987，Tech. Rep. HDL-TR-2129，http：//www. dtic. mil/dtic/tr/fulltext/u2/a186936. pdf

[21]　SHANEYFELT M R，FLE ETWOOD D M，SCHWANK J R，et al. Charge yield for cobalt-60 and 10 keV x-ray irradiations [J]. IEEE Transactions on Nuclear Science，1991，38(6)：1187-1194.

[22]　DERBENWICK G F，GREGORY B L. Process optimization of radiation-hardened CMOS integrated circuits [J]. IEEE Transactions on Nuclear Science，1975，22(6)：2151-2156.

[23]　CLARK L T，PATTERSON D W，RAMAMURTHY C，et al. An embedded microprocessor radiation hardened by microarchitecture and circuits [J]. IEEE Transactions on Computers，2015，62(6)：2592-2598.

[24]　BAUMANN R C. Landmarks in terrestrial single-event effects [C]//2013 NSREC Short Course. [S. l. : s. n.],2013：III-1-III-93.

[25]　杜延康. 组合电路 SET 若干效应及软错误率分析 [D]. 长沙：国防科技大学，2011.

[26]　梁斌. SET 传播过程中的脉宽展宽效应 [J]. 半导体学报，2008，29(9)：1827-1832.

[27]　刘真. 标准单元抗 SET 效应版图加固技术与验证方法研究 [D]. 长沙：国防科

技大学，2011.

[28] MUKHERJEE S. Architecture design for soft errors [M]. San Francisco: Morgan-Kaufmann，2008.

[29] SEIFERT N，TAM N. Timing vulnerability factors of sequentials [J]. IEEE Transactions on Device and Materials Reliability，2004，4(3)：516-522.

[30] EVANS A，WEN S-J，NICOLAIDIS M. Case study of SEU effects in a network processor [C]//SELSE workshop (Silicon Errors in Logic-System Effects). [S. l. : s. n.]，2012.

[31] ALEXANDRESCU D，COSTENARO E，EVANS A. State-aware single-event analysis for sequential logic [C]//2013 IEEE 19th International On-line Testing Symposium (IOLTS). Piscataway：IEEE，2013：151-156.

[32] BRAMNIK A，SHERBAN A，SEIFERT N. Timing vulnerability factors of sequential elements in modern microprocessors [C]//2013 IEEE 19th International On-line Testing Symposium (IOLTS). Piscataway：IEEE，2013：55-60.

[33] BUCHNER S，BAZA M，BROWN D，et al. Comparison of error rates in combinational and sequential logic [J]. IEEE Transactions on Nuclear Science，1997，44(6)：2209-2216.

[34] MAHATME N N，RUI L，WANG H，et al. Influence of voltage and particle LET on timing vulnerability factors of circuits [J]. IEEE Transactions on Nuclear Science，2015，62(6)：2592-2598.

[35] RENNIE D，LI D，SACHDEV M，et al. Performance，metastability，and soft-error robustness trade-offs for flip-flops in 40nm CMOS [J]. IEEE Transactions on Circuit and Systems，2012，59(8)：1626-1634.

[36] CHEN C-H，KNAG P，ZHANG Z. Characterization of heavy-ion-induced single-event effects in 65nm bulk CMOS ASIC test chips [J]. IEEE Transactions on Nuclear Science，2014，61(5)：2694-2701.

[37] DAVID L H，MILLER E J，KLEINOSOWSKI A，et al. Clock，flip-flop，and combinatorial logic contributions to the SEU cross section in 90nm ASIC technology [J]. IEEE Transactions on Nuclear Science，2009，56 (6)：3542-3550.

[38] OSADA K，YAMAGUCHI K，SAITOH Y，et al. SRAM immunity to cosmic-ray-induced multierrors based on analysis of an induced parasitic bipolar effect [J]. IEEE Jorunal of Solid-State Circuits，2004，39(5)：827-833.

[39] ATKINSON N M，AHLBIN J R，WITULSKI A F，et al. Effect of transistor density and charge sharing on single-event transients in 90nm bulk CMOS [J]. IEEE Transactions on Nuclear Science，2011，58(6)：2578-2584.

[40] CORREAS V，SAIGNE F，SAGNES B，et al. Prediction of multiple cell upset induce by heavy ions in a 90nm bulk SRAM [J]. IEEE Transactions on Nuclear

Science，2009，56(4)：2050-2055.

[41]   GIOT D，ROCHE P，GASIOT G，et al. Heavy ion testing and 3-D simulations
        of multiple cell upset in 65nm standard SRAMs [J]. IEEE Transactions on
        Nuclear Science，2007，55(4)：2048-2054.

[42]   UZNANSKI S，GASIOT G，ROCHE P，et al. Single-event upset and multiple
        cell upset modeling in commercial bulk 65nm CMOS SRAMs and flip-flops [J].
        IEEE Transactions on Nuclear Science，2010，57(4)：1786-1883.

[43]   QUINN H，MORGAN K，GRAHAM P，et al. Eight years of MBU data：what
        does it all mean? [C] SEE Symposium 2007，Long Beach，CA，2007.

[44]   YUE S G，ZHANG X L，ZHAO X Y. Single-event transient pulse width
        measurement of 65nm bulk CMOS circuits [J]. Journal of Semiconductors，
        2015，36(11)：11506-1-11506-6.

[45]   QIN J-R，CHEN S-M，LI D-W，et al. Temperature and drain bias dependence of
        single-event transient in 25nm FinFET technology [J]. Chinese Physics，B，
        2012，21(8)：089401-1-089401-5.

[46]   CHEN S，LIANG B，LIU B，et al. Temperature Dependence of Digital SET
        Pulse Width in Bulk and SOI Technologies [J]. IEEE Transactions on Nuclear
        Science，2008，55(6)：2914-2920.

[47]   ANLBIN J R，ATKINSON N M，GADLAGE M J，et al. Influence of N-well
        contact area on the pulse width of single-event transients [J]. IEEE Transactions
        on Nuclear Science，2011，58(6)：2585-2590.

[48]   LOVELESS T D，KAUPPILA J S，JAGANNATHAN S，et al. On-chip
        measurement of single-event transients in a 45nm silicon-on-insulator technology
        [J]. IEEE Transactions on Nuclear Science，2012，59(6)：2748-2755.

[49]   AHLBIN J R，GADLAGE M J，ATKINSON N M，et al. Effect of multiple-
        transistor charge collection on single-event transient pulse widths [J]. IEEE
        Transactions on Nuclear Science，2010，11(3)：401-406.

[50]   AHLBIN J R，GADLAGE M J，BALL D R，et al. The effect of layout topology
        on single-event transient pulse quenching in a 65nm bulk CMOS process [J].
        IEEE Transactions on Nuclear Science，2010，57(6)：3380-3386.

[51]   ATKINSON N M，WITULSKI A F，HOLMAN W T，et al. Layout technique
        for single-event transient mitigation via pulse quenching [J]. IEEE Transactions
        on Nuclear Science，2011，58(3)：885-890.

[52]   DU Y，CHEN S，CHEN J. A layout-level approach to evaluate and mitigate the
        sensitive areas of multiple SETs in combinational circuits [J]. IEEE Transactions
        on Device and Materials Reliability，2014，14(1)：213-219.

[53]   GADLAGE M J，AHLBIN J R，NARASIMHAM B，et al. Scaling trends in
        SET pulse widths in sub-100nm bulk CMOS process [J]. IEEE Transactions on

Nuclear Science，2010，57(6)：3336-3341.

[54] AHLBIN J R，ATKINSON N M，GADLAGE M J，et al. Influence of N-well contact area on the pulse width of single-event transients [J]. IEEE Transactions on Nuclear Science，2011，58(6)：2585-2590.

[55] NARASIMHAM B，BHUVA B L，SCHRIMPF R D. Effects of guard bands and well contacts in mitigating long SETs in advance CMOS processes [J]. IEEE Transactions on Nuclear Science，2008，55(3)：1708-1713.

[56] HUANG P，CHEN S，CHEN J，et al. Heavy ion induced charge sharing measurement with a novel uniform vertical inverter chains (UniVIC) SEMT test structure [J]. IEEE Transactions on Nuclear Science，2015，62(6)：3330-3338.

[57] EVANS A，GLORIEUX M，ALEXANDRESCU D，et al. Single-event multiple transients (SEMT) measurements in 65nm bulk technology [C]//European Conference on Radiation Effects and its Effects on Components and Systems. [S. l.：s. n.]，2016.

[58] KIDDIE B T，ROBINSON W H. Alternative standard cell placement strategies for single-event multiple-transient mitigation [C]//IEEE Computer Society Annual Symponism. Piscataway：IEEE，2014：589-594.

[59] EBRAHIMI M，ASADI H，BISHNOI R，et al. Layout-based modelling and mitigation of multiple event transients [J]. IEEE Transactions on Nuclear Science，2016，35(3)：367-379.

[60] AMUSAN O A，CASEY M C，BHUVA B L，et al. Laser verification of charge sharing in a 90nm bulk CMOS process [J]. IEEE Transactions on Nuclear Science，2009，56(6)：3065-3070.

[61] FACCIO F，CERVELLI，G. Radiation-induced edge effects in deep sub-micron CMOS transistors [J]. IEEE Transactions on Nuclear Science，2005，52(6)：2413-2420.

[62] SHANEYFELT M R，DODD P E，DRAPER B L，et al. Challenges in hardening technologies using shallow trench isolation [J]. IEEE Transactions on Nuclear Science，1998，45(6)：2584-2592.

[63] ZEBREV G I，GORBUNOV. Modeling of radiation-induced leakage and low dose-rate effects in thick edge isolation of modern MOSFETs [J]. IEEE Transactions on Nuclear Science，2009，56(4)：2230-2236.

[64] KING M P，REED R A，WELLER R A，et al. Electron-induced single-event upsets in static random access memory [J]. IEEE Transactions on Nuclear Science，2013，60(6)：4122-4129.

[65] RODBELL K P，HEIDEL D F，TANG H H K，et al. Low-energy proton-induced single-events-upsets in 65nm node，silicon-on-insulator，latches and memory cells [J]. IEEE Transactions on Nuclear Science，2007，54 (6)：

2474-2479.

[66] SIERAWSKI B D, MENDENHALL M H, REED R A, et al. Muon-induced single-event upsets in deep-submicron technology [J]. IEEE Transactions on Nuclear Science, 2010, 57(6): 3273-3278.

[67] AXNESS C L, SCHWANK J R, WINOKUR P S, et al. Single-event upset in irradiated 16k CMOS SRAMs [J]. IEEE Transactions on Nuclear Science, 1988, 35(6): 1602-1607.

[68] SCHWANK J R, DODD P E, SHANEYFELT M R, et al. Issues for single-event proton testing of SRAMs [J]. IEEE Transactions on Nuclear Science, 2004, 51(6): 3692-3700.

[69] SCHWANK J R, SHANEYFELT M R, FELIX J A, et al. Effects of total dose irradiation on single-event upset hardness [J]. IEEE Transactions on Nuclear Science, 2006, 53(4): 1772-1778.

[70] BALASUBRAMANIAN A, NARASIMHAM B, BHUVA B L, et al. Implications of total dose on single-event transient (SET) pulse width measurement techniques [J]. IEEE Transactions on Nuclear Science, 2008, 55(6): 3336-3341.

[71] BUCHNER S, SIBLEY M, MAVIS D, et al. Total dose effect on the propagation of single-event transients in a CMOS inverter string [J]. IEEE Transactions on Nuclear Science, 2010, 57(4): 1805-1810.

[72] TRUYEN D, BOCH J, SAGNES B, et al. Temperature effect on heavy-ion induced parasitic current on SRAM by device simulation: Effect on SEU sensitivity [J]. IEEE Transactions on Nuclear Science, 2007, 54(4): 1025-1029.

[73] BORUZDINA A B, SOGOYAN AV, SMOLIN A A, et al. Temperature dependence of MCU sensitivity in 65nm CMOS SRAM [J]. IEEE Transactions on Nuclear Science, 2015, 62(6): 2860-2866.

[74] BAGATIN M, GERARDIN S, PACCAGNELLA A, et al. Factors impacting the temperature dependence of soft errors in commercial SRAMs [C]//2008 European Conference on Radiation and Its Effects on Components and Systems. [S. l. : s. n.], 2008: 100-106.

[75] ROCHE P, PALAU J M, BELHADDAD K, et al. SEU response of an entire SRAM cell simulated as one contiguous three dimensional device domain [J]. IEEE Transactions on Nuclear Science, 1998, 45(6): 2534-2543.

[76] ROCHE P, PALAU J M, BRUGUIER G, et al. Determination of key parameters for SEU occurrence using 3-D full cell SRAM simulations [J]. IEEE Transactions on Nuclear Science, 1999, 46(6): 1354-1362.

[77] PALAU J-M, HUBERT G, COULIE K, et al. Device simulation study of the SEU sensitivity of SRAMs to internal ion tracks generated by nuclear reactions [J]. IEEE Transactions on Nuclear Science, 2001, 48(2): 225-231.

[78] GADLAGE M J, AHLBIN J R, RAMACHANDRAN V, et al. Temperature dependence of digital single-event transients in bulk and fully-depleted SOI technologies [J]. IEEE Transactions on Nuclear Science, 2009, 56 (6): 3115-3121.

[79] CHEN S, LIANG B, LIU B, et al. Temperature dependence of digital SET pulse width in bulk and SOI technologies [J]. IEEE Transactions on Nuclear Science, 2008, 55(6): 2914-2920.

[80] FERLET-CAVROIS V, VIZKELETHY G, PAILLET P, et al. Charge enhancement effect in NMOS bulk transistors induced by heavy ion irradiation-Comparison with SOI [J]. IEEE Transactions on Nuclear Science, 2004, 51(6): 3255-3262.

[81] KAUPPILA J S, KAY W H, HAEFFNER T D, et al. Single-event upset characterization across temperature and supply voltage for a 20nm bulk planar CMOS technology [J]. IEEE Transactions on Nuclear Science, 2015, 62(6): 2613-2619.

[82] KAY W H. Single-event upset characterization of flip-flops across temperature and supply voltage for a 20nm bulk, planar, CMOS technology [D]. Nashville: Vanderbilt University, 2015.

[83] SEIDLER B. Department of defense system requirements for single-event environments [C]//2009 Hardened Electronics and Radiation Technology Conference Short Course. [S. l. : s. n.], 2009.

[84] SHIVAKUMAR P, KISTLER M, KECKLER S, et al. Modeling the impact of device and pipeline scaling on the soft error rate of processor elements [C]// International Conference. Dependable Systems and Networks (DSN'02). [S. l. : s. n.], 2002.

[85] PETERSEN E L, SHAPIRO P, ADAMS J H, et al. Calculation of cosmic-ray induced soft upsets and scaling in VLSI devices [J]. IEEE Transactions on Nuclear Science, 1982, 29(6): 2055-2063.

[86] JAGANNATHAN S, LOVELESS T D, BHUVA B L, et al. Frequency dependence of alpha-particle induced soft error rates of flip-flops in 40nm CMOS technology [J]. IEEE Transactions on Nuclear Science, 2012, 59 (6): 2796-2802.

[87] BAUMANN R. Single-event effects in advanced CMOS technology [C]//2005 NSREC short Course Section. [S. l. : s. n.], II-1-II-59.

[88] BLACK D A, ROBINSON W H, WILCOX I Z, et al. Modeling of single-event transients with dual double-exponential current sources: Implications for logic cell characterization [J]. IEEE Transactions on Nuclear Science, 2015, 62(4): 1540-1549.

[89] CALIN T, NICOLAIDIS M, and VELAZCO R. Upset hardened memory design

for submicron CMOS technology [J]. IEEE Transactions on Nuclear Science, 1996, 43(6): 2874-2878.

[90] MAHATME N N, GASPARD N J, JAGANNATHAN S, et al. Impact of supply voltage and frequency on the soft error rate of logic circuits [J]. IEEE Transactions on Nuclear Science, 2013, 60(6): 4200-4206.

[91] LOVELESS T D, JAGANNATHAN, REECE T, et al. Neutron-and proton-induced single-event upsets for D-and DICE-flip/flop designs at a 40nm Technology Node [J]. IEEE Transactions on Nuclear Science, 2011, 58(3): 1008-1014.

[92] XUAN S, LI N. SEU hardened placement and routing based on slack reduction [J]. IEEE Transactions on Nuclear Science, 2014, 61(5): 2741-2744.

[93] ZHAO Y, WANG L, YUE S, et al. SEU and SET of 65nm Bulk CMOS flip-flops and their implications for RHBD [J]. IEEE Transactions on Nuclear Science, 2015, 62 (6): 2666-2672.

[94] TUROWSKI M, RAMAN A, JABLONSKI G. Mixed-mode simulation and analysis of digital single-event transients in fast CMOSICs [C]//2007 14th International Conference on Mixed Design of Integrated Circuits and Systems. [S. l. :S. n.]: 2007: 433-438.

[95] GADLAGE M J, SCHRIMPF R D, Narasimham B, et al. Effect of voltage fluctuations on the single-event transient response of deep submicron digital circuits [J]. IEEE Transactions on Nuclear Science, 2007, 54(6): 2495-2499.

[96] MAHATME N N. Design techniques for power-aware combinational logic SER mitigation [D]. Nashville: Vanderbilt University, 2014.

[97] LIMBRICK D B, MAHATME N N, ROBINSON W H, et al. Reliability-aware synthesis of combinational logic with minimal performance penalty [J]. IEEE Transactions on Nuclear Science, 2013, 60(4): 2776-2781.

[98] CHEN R M, DIGGINS Z J, MAHATME N N, et al. Effects of temperature and supply voltage on SEU-and SET-induced errors in bulk 40-nm sequential circuits [J]. IEEE Transactions on Nuclear Science, 2017: 1-1.

[99] DIGGINS Z J, GASPARD N J, JAGANNATHAN S, et al. Scalability of capacitive hardening for flip-flops in advanced technology nodes [J]. IEEE Transactions on Nuclear Science, 2013, 60(6): 4394-4398.

[100] CHERUPALLI H, KUMAR R, SARTORI J. Exploiting dynamic timing slack for energy efficiency in ultra-low-power embedded systems [C]//2016 ACM/IEEE 43rd Annual International Symposium on Computer Architecture (ISCA). [S. l. : s. n.],2016: 671-681.

[101] EVANS A, COSTENARO E, BRAMNIK A. Flip-flop SEU reduction through minimization of the temporal vulnerability factor [C]//2015 IEEE 21st

International On-Line Testing Symposium (IOLTS). [S. l. : s. n.], 2015: 162-167.

[102] CHEN R M, MAHATME N N, DIGGINS Z J, et al. Impact of temporal masking of flip-flop upsets on soft error rates of sequential circuits [J]. IEEE Transactions on Nuclear Science, 2017, 64(8): 2098-2106.

[103] CHEN R M, MAHATME N N, DIGGINS Z J, et al. Analysis of temporal masking effect on SEUs of master-slave type flip-flops and related hardening applications [J]. IEEE Transactions on Nuclear Science, 2018, 65 (8): 2098-2106.

[104] NARASIMHAM B, RAMACHANDRAN V, BHUVA B L, et al. On-chip characterization of single-event transient pulsewidths [J]. IEEE Transactions on Device and Materials Reliability, 2006, 6(4): 542-549.

[105] NARASIMHAM B, GADLAGE M J, BHUVA B L, et al. Test circuit for measuring pulse widths of single-event transients causing soft errors [J]. IEEE Transactions on Semiconductor Manufacturing, 2009, 22(1): 119-125.

[106] MASSENGILL L W, TUINENGA P W. Single-event transient pulse propagation in digital CMOS [J]. IEEE Transactions on Nuclear Science, 2008, 55(6): 2861-2871.

[107] NARASIMHAM B. Characterization of heavy-ion, neutron and alpha particle-induced single-event transient pulse widths in advanced CMOS technologies [D]. Nashville: Vanderbilt University, 2008.

[108] CHEN R M, CHEN W, GUO X, et al. Improved on-chip self-triggered single-event transient measurement circuit design and applications [J]. Microelectronics Reliability, 2017.

[109] GADLAGE M J, AHLBIN J R, NARASIMHAM B, et al. Scaling trends in SET pulse widths in sub-100nm bulk CMOS process [J]. IEEE Transactions on Nuclear Science, 2010, 57(6): 3336-3341.

[110] CHATTERJEE I, JAGANNATNAN S, LOVELESS D, et al. Impact of well contacts on the single-event response of radiation-hardened 40nm flip-flops [C]//International Reliability Physics Symposium (IRPS), Anaheim. [S. l. : s. n.], 2012: SE. 4. 1-SE. 4. 6.

[111] AHLBIN J R, ATKINSON N M, GADLAGE M J, et al. Influence of N-Well contact area on the pulse width of single-event transients [J]. IEEE Transactions on Nuclear Science, 2011, 58(6): 2585-2590.

[112] OLSON B D, AMUSAN O A, DASGUPTA S, et al. Analysis of parasitic PNP bipolar transistor mitigation using well contacts in 130nm and 90nm CMOS technology [J]. IEEE Transactions on Nuclear Science, 2007, 54(4): 894-897.

[113] PETERSEN E. Single-event analysis and prediction [C]//2008 NSREC Short

Course. [S. l. : s. n.], 2008: III-1-III-303.

[114] ATKINSON N M, WITULSKI A F, HOLMAN W T, et al. Layout technique for single-event transient mitigation via pulse quenching [J]. IEEE Transactions on Nuclear Science, 2011, 58(3): 885-890.

[115] AHLBIN J R, GADLAGE M J, ATKINSON N M, NARASIMHAM B, et al. Effect of multiple-transistor charge collection on single-event transient pulse widths [J]. IEEE Transactions on Device and Materiols Reliability, 2011, 11 (3): 401-406.

[116] MORROW D M, MELINGER J S, BUCHNER S. Application of a pulsed laser for evaluation and optimization of SEU-hard designs [J]. IEEE Transactions on Nuclear Science, 2000, 47(3): 559-565.

[117] ZANCHI A, BUCHNER S, LOTFI Y, et al. Correlation of pulsed-laser energy and heavy-ion LET by matching analog SET ensemble signatures and digital SET thresholds [J]. IEEE Transactions on Nuclear Science, 2013, 60(6): 4412-4420.

[118] MARTIN R C, GHONIEM N M. The size effect of ion charge tracks on single-event multiple-bit upset [J]. IEEE Transactions on Nuclear Science, 1987, NS-34(6): 1305-1309.

[119] CHEN R M, ZHANG F, CHEN W, et al. Single-event multiple transients in conventional and guard-ring hardened inverter chains under pulsed-laser and heavy ion irradiation [J]. IEEE Transactions on Nuclear Science, 2017, 64(9): 2511-2518.

[120] ZHAO W, HE C, CHEN W, et al. Single-event double transients in inverter chains designed with different transistor widths [J]. IEEE Transactions on Nuclear Science, 2019, 99: 1-1.

[121] ZAHO W, HE C, CHEN W, et al. Single-event multiple transients in different guard-ring hardened inverter chains [J]. Microelectronics Reliability, 2018, 87: 151-157.

[122] FLEETWOOD D M. Total ionizing dose effects in MOS and low-dose-rate-sensitive linear-bipolar devices [J]. IEEE Transactions on Nuclear Science, 2013, 60(3): 1706-1730.

[123] SHANEYFELT M R, DODD P E, DRAPER B L, et al. Challenges in hardening technologies using shallow-trench isolation [J]. IEEE Transactions on Nuclear Science, 1998, 45(6): 2584-2592.

[124] POCH W J, HOLMES-SIEDLE A G. The long-term effects of radiation on complementary MOS logic networks [J]. IEEE Transactions on Nuclear Science, 1970, 17(6): 33-40.

[125] ABOU-AUF A A, ABDEL-AZIZ H, WASSAL A G. Worst-case test vectors

for logic faults induced by total dose in ASICs using CMOS processes exhibiting field-oxide leakage [J]. IEEE Transactions on Nuclear Science, 2011, 58(3): 1047-1052.

[126] HOFBAUER M, SCHWEIGER K, ZIMMERMANN H, et al. Supply voltage dependent on-chip single-event transient pulse shape measurement in 90nm bulk CMOS under alpha irradiation [J]. IEEE Transactions on Nuclear Science, 2013, 60(4): 2640-2646.

[127] WANG H-B, LI Y-Q, CHEN L, et al. An SEU-tolerant DICE latch design with feedback transistors [J]. IEEE Transactions on Nuclear Science, 2015, 62 (2): 548-554.

[128] HAGHI M, DRAPER J. A single-event upset hardening technique for high speed MOS current mode logic [C]//2010 IEEE International Symposium on Circuits and Systems. Piscataway: IEEE, 2010: 4137-4140.

[129] JOSHI V, RAO R R, BLAAUW D, et al. Logic SER reduction through flip flop redesign [C]//7th International Symposium on Quality Electronic Design (ISQED'06). [S. l. : s. n.], 2006: 616.

[130] CHEN R M, DIGGINS Z J, MAHATME N N, et al. Effects of total-ionizing-dose irradiation on SEU-and SET-induced soft errors in bulk 40nm sequential circuits[J]. IEEE Transactions on Nuclear Science, 2017, 64(1): 471-476.

[131] KUMAR R, KURSUN V. Reversed temperature-dependent propagation delay characteristics in nanometer CMOS circuits [J]. IEEE Transactions on Nuclear Science, 2006, 53(10): 1078-1082.

[132] CAO Y, SATO T, ORSHANSKY M, et al. New paradigm of predictive MOSFET and interconnect modeling for early circuit design [C]//IEEE Custom Integreated Circuits Conference. [S. l. : s. n.], 2000: 201-204.

[133] LIU W, JIN X, CHEN J, et al. BSIM 3v3. 2. 2 MOSFET model-user manual [EB/OL]. [2020-03-20] Berkeley, Department of Electrical Computer Engineering, University of California, 2003.

[134] KAUPPILA J, STERNBERG A, Alles M, et al. A bias-dependent single-event compact model implemented into BSIM4 and a 90nm CMOS process design kit [J]. IEEE Transactions on Nuclear Science, 2009, 56(6): 3152-3157.

在学期间发表的学术论文

（一作或者通讯）

[1] **CHEN R M***，DIGGINS Z J，MAHATME N N，et al. Effects of total-ionizing-dose irradiation on SEU- and SET-induced soft errors in bulk 40-nm sequential circuits，**IEEE Transactions on Nuclear Science**，Vol. 64，No. 1，471-476，Jan. 2017；DOI：10.1109/tns.2016.2614963

[2] **CHEN R M***，IGGINS Z J，MAHATME N N，et al. Effects of temperature and supply voltage on SEU- and SET-induced single-event errors in bulk 40-nm sequential circuits，**IEEE Transactions on Nuclear Science**，Vol. 64，No. 8，2122-2128，Aug. 2017；DOI：10.1109/tns.2017.2647749

[3] **CHEN R M***，CHEN W，GUO X Q，et al. Improved on-chip self-triggered single-event transient measurement circuit design and applications，**Microelectronics Reliability**，Vol. 77，99-105，Apr. 2017；DOI：10.1016/j.microrel.2017.03.004

[4] **CHEN R M***，MAHATME N N，DIGGINS Z J，et al. Impact of temporal masking of flip-flop upsets on soft error rates of sequential circuits，**IEEE Transactions on Nuclear Science**，Vol. 64，No. 8，2098-2106，Aug. 2017；DOI：10.1109/tns.2017.2711034

[5] **CHEN R M***，ZHANG F Q，CHEN W，et al. Single-event multiple transients in conventional and guard-ring hardened inverter chains under pulsed-laser and heavy ion irradiation，**IEEE Transactions on Nuclear Science**，Vol. 64，No. 9，2511-2518，Sep. 2017；DOI：10.1109/tns.2017.2738646

[6] **CHEN R M***，MAHATME N N，DIGGINS Z J，et al. Analysis of temporal masking effect on SEUs of master-slave type flip-flops and related hardening applications，**IEEE Transactions on Nuclear Science**，Vol. 65，No. 8，1823-1829，Aug. 2018；DOI：10.1109/tns.2018.2823385

[7] ZHAO W*，HE C H，CHEN W，**CHEN R M***，et al. Single-event Double Transients in Inverter Chains Designed with Different Transistor Widths，**IEEE Transactions on Nuclear Science**，Vol. 66，No. 7，1491-1499，May 2019；DOI：10.1109/tns.2019.2895610

[8] ZHAO W，HE C H，CHEN W，**CHEN R M***，et al. Single-event multiple transients in guard-ring hardened inverter chains of different layout designs，**Microelectronics Reliability**，Vol. 87，151-157，Aug. 2018；DOI：10.1016/j.

microrel. 2018. 06. 014

[9] ZHAO W*，HE C H，CHEN W，**CHEN R M***，et al. Mitigating single-event multiple transients in a combinational circuit based on standard cells，**Microelectronics Reliability**，Vol. 109，151-157，Jun. 2020；DOI：10. 1016/j. microrel. 2020. 113649

[10] **CHEN R M**，et al. Single-event performance of differential flip-flop designs and hardening implication，**22nd IEEE International On-Line Testing Symposium (IOLTS 2016)**，Spain，July 7th，2016.（**ORAL**）

[11] **CHEN R M**，et al. Effects of total-ionizing-dose irradiation on SEU- and SET-induced soft errors in bulk-40nm sequential circuits，presented at the **2016 IEEE Nuclear and Space Radiation Effects Conference**，Portland，Oregon，USA，July 11th，2016.（**ORAL**）

[12] **CHEN R M**，et al. Effects of temperature and supply voltage on SEU- and SET-induced single-event errors in bulk 40-nm sequential circuits，presented at **2016 IEEE Conference on Radiation Effects on Components and Systems**，Bremen，Germany，Sep. 19th，2016.（**ORAL**）

[13] **CHEN R M**，et al. Analysis of temporal masking effect on single-event upset rates for sequential circuits，presented at **2016 IEEE Conference on Radiation Effects on Components and Systems**，Bremen，Germany，Sep. 19th，2016.（**POSTER**）

[14] **CHEN R M**，et al. Analysis of temporal masking effect on SEUs of master-slave type flip-flops and related applications，presented at **2017 IEEE Conference on Radiation Effects on Components and Systems**，Geneva，Switzerland，Oct. 2nd，2017.（**POSTER**）

相关研究成果

[1] 陈荣梅,陈伟,郭晓强,等. 一种片上自触发单粒子瞬态脉冲宽度测量方法与系统. 发明专利号 CN106443202.

[2] 陈荣梅,陈伟,郭晓强,等. 基于触发器链的逻辑电路单粒子效应测试与分析方法. 发明专利号 CN106405385.

[3] 陈荣梅,陈伟,刘以农. 逻辑电路单粒子翻转时间屏蔽效应实验研究. 研究所 2016 年度科技创新. 西北核技术研究所.

[4] 2015—2017 年度中国辐射物理领域十大科技进展(基于本书成果).

致　　谢

衷心感谢刘以农教授和陈伟研究员作为导师在我攻读博士学位期间给予的大力支持和悉心指导，他们严谨的学术态度和深厚的学术造诣让我受益匪浅，既激发了我的学术兴趣，也增强了我的学术功底，引领我成为一个优秀的科研工作者。不仅如此，他们还在工作、学习和生活等方面给予了我无微不至的关怀和谆谆教诲。同时，感谢美国范德堡大学电子工程系 Bharat L. Bhuva 教授、Daniel M. Fleetwood 教授和张恩霞副研究员在我访问范德堡大学期间协助指导我本书的完成，他们不仅在实验方案方面提供了建设性意见，而且还在写作方法和写作思路方面进行了具体指导。

衷心感谢西北核技术研究所郭红霞研究员、丁李利副研究员、郭晓强副研究员、王祖军研究员、张凤祁工程师、罗尹虹研究员、赵雯助理研究员、闫逸华助理研究员、何宝平副研究员、王园明工程师，以及王勋博士、王坦和潘霄宇助理工程师等对本书工作的支持和关心。他们在实验平台的搭建、操作和仿真计算等方面的帮助使得本书的工作得以顺利完成。

衷心感谢范德堡大学陈嫣然博士、Jeff Kauppila 博士、倪凯博士、Niharr Mahatme 博士、Zachary Diggins 博士和张杭芳博士对本书的实验和仿真计算方面的技术支持和帮助。

衷心感谢清华大学特种能源研究所对课题的支持，对范如玉研究员、唐传祥教授、颜立新副研究员和周斌老师的帮助和关心表示感谢。

衷心感谢苏州珂晶达公司沈忱、郑丽桑、贡顶对本书提供的技术支持与帮助。

当然，还要感谢我的家人对我攻读博士学位期间的关心和默默支持，你们的关心与支持是本书得以完成的重要保障。

陈荣梅

玛丽·居里学者，长聘研究员

欧洲微电子研究中心（IMEC）

比利时鲁汶，2020 年 3 月